腌泡、煎烤、盐渍、蒸煮，激发食材天然美味的106道沙拉

只爱沙拉

[日]渡边真纪 著　　宋天涛 译

红星电子音像出版社

前言

我非常喜欢从蔬菜中感受季节，所以我家的餐桌上每天都有沙拉。
即使是匆忙的早晨，也会把冰箱里剩余的蔬菜用蒸笼蒸一下来吃。
餐桌上没有蔬菜的话我就会心神不定，而沙拉就是最好的镇静剂。

虽称作沙拉，但我经常做的并不是主菜搭配中那少许的陪衬，
而是可以搭配米饭吃的量大的“配菜”式沙拉。
足量的卷心菜、洋葱搭配培根一起蒸煮，
亦或是晒干的菌类和炒过的莲藕，用芝麻蛋黄酱调拌一下，
搭配上肉或者鱼，就是绝佳的营养均衡的菜肴。

水灵新鲜的蔬菜固然美味，
但经晒、蒸、腌处理过的蔬菜更具魅力，
不仅能彰显食材原本的美味，还能促进食欲。
而且，牢牢锁住食材美味的配菜沙拉也很好存放，
盛在米饭或者面条上，亦或夹在面包中，都十分可口，
无论制作多少次，都会很享受。

本书将为您介绍我曾制作过的沙拉。
每天吃也吃不腻的西式沙拉和日式沙拉自不必说，
还有中式沙拉以及民族风味沙拉，可以尝试一下不同的口味。
也会介绍许多能突显蔬菜鲜美的调味料，
可供大家参考。
如果大家的餐桌上每天都有配菜沙拉的话，那将是我的荣幸。

渡边真纪

目录

chapter 1
丨西式沙拉丨

10 橙子腌泡蔓菁虾仁
12 油炸四季豆芦笋配鸡蛋沙司
14 炒马铃薯沙拉
16 西葫芦鸡肉罗勒沙拉
17 柿子椒腌泡西班牙辣香肠
18 芹菜鸡胸肉明太鱼子沙拉
19 卷心菜培根热沙拉
20 咸柠檬腌泡莲藕生火腿
21 鲑鱼烤鳄梨沙拉
22 胡萝卜法式长棍面包沙拉
23 芹菜火腿拌饭
24 鳀鱼腌泡双孢菇西蓝花
25 小番茄干腌泡剑鱼
26 烧腌牛肉水田芥沙拉
28 紫甘蓝黄豆沙拉
29 面包粉炒羊羔肉西蓝花小番茄
30 柿子椒金枪鱼考伯沙拉
31 圆生菜墨鱼热沙拉
32 莲藕鸡肉柠檬沙拉
33 竹笋烤猪肉沙拉
34 鸭肉奶酪沙拉
36 凉拌萝卜火腿
37 胡萝卜腌泡烤茄子
38 青豆马苏里拉奶酪沙拉
39 烧菊苣奶酪沙拉
40 欧芹腌泡南瓜红芸豆
41 卷心菜苹果沙拉
42 橄榄油煮干萝卜丝
44 干菜泡菜沙拉
45 西红柿腌泡炸茄子

chapter 2
丨日式沙拉丨

52 芝麻蛋黄酱拌干菇莲藕
54 小松菜腌泡烧鲑鱼
56 芜菁茗荷杂鱼沙拉
57 酱油腌渍拍黄瓜鱿鱼干
58 卷心菜鸡胸肉柚子胡椒沙拉
59 半干萝卜竹轮沙拉
60 炸茄子菜豆梅干鲣鱼沙拉
61 香味蔬菜炒鸡肉糜沙拉
62 芥末腌西红柿扇贝沙拉
63 酸甜章鱼洋葱沙拉
64 甜辣肉糜萝卜沙拉
66 羊栖菜胡萝卜芝麻醋沙拉
67 大葱鸭儿芹豆腐沙拉
68 干萝卜丝什锦菇热沙拉
69 炸马铃薯圆生菜青海苔沙拉
70 黄瓜炸鱼肉饼沙拉
71 酱油腌尖椒山芋鱼饼沙拉
72 白菜油炸豆腐香味蔬菜沙拉
73 萝卜秋葵咸海带沙拉
74 味噌炒芋头鸡肉沙拉
76 卷心菜花蛤热沙拉
77 西蓝花炸虾沙拉
78 烤油菜花山药牡蛎
79 猪肉调味汁浇芦笋豌豆
80 炸大葱配脆肉片橙醋沙拉
81 酱油腌泡菇类鹌鹑蛋
82 猪肉紫皮洋葱盐曲沙拉
83 菜花香肠柚子胡椒蛋黄酱沙拉
84 炸牛蒡菠菜芝麻沙拉
85 胡萝卜扇贝花椒沙拉

chapter 3

| 中式沙拉 |

90 蒸鸡肉韭菜中式沙拉
92 西葫芦烤猪肉豆豉沙拉
93 芝麻拌鳄梨木耳沙拉
94 醋腌豆芽鸡蛋中式沙拉
95 黑醋腌西红柿油炸豆腐沙拉
96 黄瓜干中式沙拉
97 白菜猪肉榨菜沙拉
98 大葱腌泡烤醋渍青花鱼
99 青梗菜大葱扇贝热沙拉
100 柿子椒柳叶鱼蚝油沙拉
102 甜面酱腌蓝点马鲛卷心菜
103 塌菜肉糜热沙拉
104 豆芽裙带菜粉丝沙拉
105 大蒜腌泡豆腐松花蛋

chapter 4

| 民族风味沙拉 |

110 花生酱拌苦瓜炸鱼肉饼
112 豆苗白肉鱼凉拌小菜
113 鸭儿芹裙带菜凉拌小菜
114 芹菜萝卜孜然沙拉
115 马铃薯豆子辣味沙拉
116 腌泡虾仁薄荷
117 胡萝卜油渍沙丁鱼咖喱沙拉
118 干菇豆子民族特色沙拉
119 酸奶腌茄子
120 萨尔萨辣酱腌麦片西红柿
121 炸番薯甜辣酱沙拉
122 菜豆葡萄干沙拉
123 鲑鱼莲藕卷心菜热沙拉
124 南瓜香辛料春卷
126 鱼露腌炸牛蒡
127 烤鸡肉黄豆芽越南沙拉

专栏

06 沙拉的美味关键词
46 沙拉的美味秘诀之调味料
48 基本的沙拉调料和腌泡汁
西式沙拉调料/西式腌泡汁/
日式沙拉调料/日式腌泡汁
49 搭配沙拉的蛋黄酱沙司
柚子胡椒蛋黄酱/芝麻碎蛋黄酱/
洋葱泥蛋黄酱/塔巴斯科蛋黄酱
86 沙拉和米饭合制而成的迷你盖浇饭
106 沙拉和面包制成的三明治

本书习惯用语

- 各种料理的美味烹调方法已做好标记。
  盐=盐揉　腌=腌泡　烧=烤·炒　炸=煎炸　煮=蒸煮　干=晒干
  详细内容请参考P6~7。
- 1小匙是5ml，1大匙是15ml，1量杯是200ml。
- 姜1块、大蒜1瓣是以大拇指指腹大小为标准。
- 常用调味料在P46~47有详细介绍；菜谱食材中出现的日式西式沙拉调料、腌泡汁和沙司，在P48~49有相关介绍。
- 微波炉加热时间是以输出功率600W为标准。机型不同会有差别，请适当调整。

沙拉的美味关键词

这里介绍的6个关键词
是配菜沙拉的美味秘密。
每一页菜单上都有关键词标记，可供参考。

盐

盐揉

把盐撒在蔬菜上揉搓，水分出来后，蔬菜会变柔软。将多余的水分去除，蔬菜的甜味就能显现出来，口感也会变得爽脆。只用适量的盐，就能做出美味的沙拉。重点在于充分挤压出蔬菜析出的水分。

腌

腌泡

食材经过盐揉、蒸煮或者烘烤后，再泡进腌泡汁或者沙拉调料中。刚做好的固然好吃，但稍微放置一段时间后，味道会慢慢渗入食材中，这时沙拉的味道也会变得温和。

烧

烤·炒

食材在烘烤、翻炒的过程中，其美味会逐渐散发出来。特别是蔬菜，经过翻炒后会有一种柔和的香甜。味道较浓厚，适合搭配米饭或者面包。

炸

煎炸

把蔬菜炸至色泽鲜亮时，香气就会散发出来，口感也变得鲜香，多么美味的配菜沙拉！再利用调味料让其充分入味，令味道更加香醇，十分下饭。煎炸时要充分去除水分。

煮

蒸煮

把食材和调味料一起放入锅内蒸煮，各自的香味在锅内相互融合，变成香气浓厚的沙拉。不要忘记盖上锅盖，将美味牢牢锁住。

干

晒干

把蔬菜或者菌类摊开在笸箩上，放置在通风处晒干后，就能充分去除水分（也可以用预热到 100℃的烤箱加热 1 小时左右）。不仅浓缩了食材的美味，使味道更加醇厚，也能激发出微微的甜味。

chapter 1 |

西式沙拉

Western Style Salad

西式沙拉大都装盘漂亮、色彩丰富，
将餐桌装点得豪华美丽。
不论是充分融入西洋醋美味的腌泡沙拉，
亦或是烧得香喷喷的大份鸡肉沙拉，
搭配葡萄酒，都别有一番风味。

橙子腌泡蔓菁虾仁

材料 2人份

蔓菁……………………………………4个
虾……………………………………8只
橙子……………………………………1个
盐………………………………… 1/3小匙
马铃薯淀粉…………………………2大匙
白葡萄酒……………………………1大匙
西式沙拉调料（→P48）…………3大匙
欧芹（切末）………………………2大匙
粗碾黑胡椒………………………… 少量

1 蔓菁横着切薄片，撒盐揉搓，变柔软后用力挤压出多余的水分。

2 去除虾的背肠，裹上马铃薯淀粉，用手来回揉搓，控干水分。放入加了白葡萄酒的开水中，煮大约 1 分半钟，晾凉后剥去外壳。

3 剥去橙子的外皮和薄膜。

4 把步骤 1~3 的食材放入盆里混合，倒入沙拉调料调拌，放入欧芹混合搅拌，装盘，撒上胡椒。

要点

利用菜刀剥去橙子的外皮和薄膜，从果实两侧呈“V”字下刀，取出果肉。

欧芹的绿色十分鲜艳，要最后放入并迅速搅拌。

刚做出来的也十分可口，但稍微放置一段时间，待其入味后，味道会更加温和。

腌

色彩鲜亮、新鲜爽口的腌泡沙拉，非常适合用来招待客人。用马铃薯淀粉搓洗虾肉，可以去除它的腥臭味，水煮后肉质会紧绷并富有弹性。

油炸四季豆芦笋配鸡蛋沙司

材料　2人份

四季豆……8根
青芦笋嫩茎……4根
盐……少量
煮鸡蛋……2个
A 蛋黄酱……3大匙
A 洋葱（切末）……1/6个
A 蒜泥……1/2瓣
煎炸用油・粗碾黑胡椒……各适量
柠檬（半月形）……2块

1 切去四季豆两端。削去芦笋茎部的硬皮，竖着切半。

2 油加热到170℃，放入步骤1的食材，炸大约2分钟后，撒盐，装盘。

3 剥去煮鸡蛋的蛋壳，粗略地切碎，放入盆里，倒入A混合搅拌。浇在步骤2的食材上，撒上胡椒，添上柠檬。

沙拉的美味秘诀

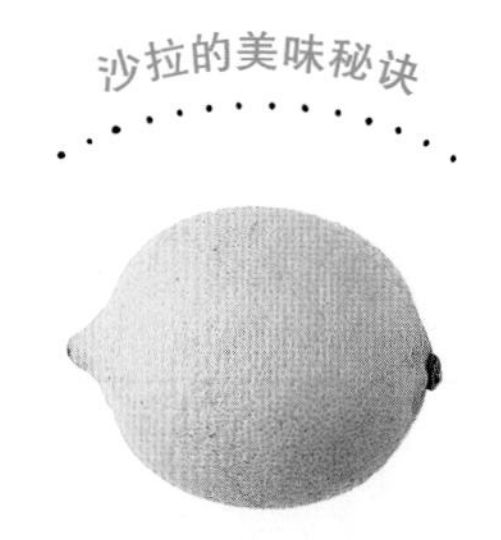

柠檬

柠檬气味与蔬菜相合，具有清爽的酸味和芳香，是制作沙拉必不可少的食材之一。

要点

四季豆和芦笋一起油炸，待颜色变鲜亮后取出。

融入了洋葱的甜味和辛辣，以蛋黄酱为底料的鸡蛋沙司味道十分浓郁香醇。

把充分融入了蒜香味的鸡蛋沙司，浇在炸得色泽鲜亮的四季豆和芦笋上。食用时用力挤压出柠檬汁，余味会更加清爽。

炒马铃薯沙拉

材料　2人份

马铃薯……………………………………2个
黄瓜………………………………………1根
盐…………………………………… 1/3小匙
洋葱…………………………………… 1/2个
香肠………………………………………4根
橄榄油 ……………………………… 2大匙
西式腌泡汁（→P48）……………3大匙
粗碾黑胡椒………………………………少量

1 黄瓜切薄圆片。撒盐揉搓，变柔软后用力挤压出多余的水分。洋葱竖着切薄片，在水中浸泡 5 分钟去除涩味后，充分控干水分。

2 马铃薯不削皮，切成半月形。

3 香肠切成 1cm 宽。

4 把橄榄油倒入平底锅中，中火加热，放入步骤 2 的食材，翻炒约 5 分钟。放入步骤 3 的食材，再次翻炒 3~4 分钟，炒至焦黄色时关火。

5 把步骤 4 的食材放入盆里，倒入腌泡汁，放入步骤 1 的食材调拌。装盘，撒上胡椒。

要点

黄瓜要全都撒上盐揉搓，用力挤压出多余的水分。

马铃薯带着皮切，这样味道更加香醇，能品尝到蔬菜的天然美味。

要多放些油翻炒马铃薯和香肠，炒至焦黄色时口感才会浓郁。

人气马铃薯沙拉的创新菜式。腌泡汁中没有放油，所以翻炒马铃薯和香肠时要多放些油，才更有味。非常适合当作下酒菜。

西葫芦鸡肉罗勒沙拉

材料　2人份

西葫芦 ……………………………… 2根
鸡腿肉 ……………………………… 200g
罗勒 ………………………………… 50g
低筋粉 ……………………………… 1大匙
橄榄油 ……………………………… 1大匙
西式腌泡汁（→P48） ……………… 2大匙
小番茄 ……………………………… 6个

1 西葫芦切成1cm厚的圆片。鸡肉薄薄地裹上低筋粉。

2 把橄榄油倒入平底锅中，开中火加热，放入步骤1食材，分别翻面煎炸。

3 西葫芦煎至金黄色后取出，小火加热鸡肉约7分钟，直到变熟。

4 鸡肉切成一口大小，放入盆里，倒入腌泡汁腌渍，再放入西葫芦、切成4瓣的小番茄、罗勒调拌。

慢慢煎炸整块鸡肉，不仅能令外皮香脆，内部的肉汁也会变得丰富。喜欢奶酪的人可以在沙拉上撒一些帕尔玛干酪！

柿子椒腌泡西班牙辣香肠

材料　2人份

柿子椒（绿色·红色·黄色）……各2个
西班牙辣香肠……4根
大蒜（拍碎）……1瓣
橄榄油·白葡萄酒……各1大匙
A　西式腌泡汁（→P48）……3大匙
　　洋葱（切末）……1/2个

1 把大蒜和橄榄油放入平底锅中，中火加热，待大蒜散发香味后，放入柿子椒和西班牙辣香肠，分别翻面煎炸。

2 整体都变成金黄色后，倒入白葡萄酒，盖上锅盖，小火焖大约5分钟。

3 放入A，煮至沸腾，直接冷却。

腌 整个柿子椒经过焖烧后又糯又甜，就连籽也非常好吃。与辛辣的西班牙辣香肠十分相配。放在冰箱里一段时间，冷藏后的口感更佳。

芹菜鸡胸肉明太鱼子沙拉

材料　2人份

芹菜……………………………………… 1根
芹菜叶……………………………………7~8片
鸡胸肉……………………………………4块
明太鱼子…………………………… 1/2肚
盐………………………………… 1/3小匙
酒………………………………………… 1大匙
西式沙拉调料（→P48）…………2大匙

1 撕去芹菜的纤维，斜着切薄片，芹菜叶切丝，撒盐揉搓，变柔软后用力挤压出多余的水分。

2 鸡胸肉去筋，放进加了酒的开水中，煮大约 2 分钟。晾凉后用手撕开。

3 去除明太鱼子的薄膜，放入盆里，加入沙拉调料混合，放入步骤 1 和 2 的食材调拌。

明太鱼子本身就带有咸味和香味，所以无需使用过多调味料。与沙拉调料搭配带来满满的西洋风味。芹菜叶经盐揉可以去除苦味，所以不要扔掉。

卷心菜培根热沙拉

材料　2人份

卷心菜		1/3个
培根（薄片）		150g
洋葱		1/2个
A	香菜籽	1小匙
	白葡萄酒	2大匙
	橄榄油	1大匙
	盐	少量
B	西式腌泡汁（→P48）	2大匙
	蒜泥	1/2瓣
黄油·粗碾黑胡椒		各少量

1 卷心菜切1.5cm宽，培根切3mm厚。洋葱切成6等份的半月形。

2 把步骤1的食材放入锅中，倒入A，盖上锅盖，中火煮一会儿。煮开后，用小火再焖约10分钟。

3 装盘，食用之前浇上B，放上切成小块的黄油，撒上胡椒。

煮

煮熟的卷心菜非常香甜，搭配培根的咸味，再加上香菜籽的清香，令人回味无穷。也可以做成三明治（→P107）。

香菜籽

水芹科香菜的种子。此香料可以使沙拉的香味更加清爽，并带有微微的苦涩和甜味。

咸柠檬腌泡莲藕生火腿

材料　2人份

莲藕		200g
生火腿		150g
A	咸柠檬	2小匙
	橄榄油	2大匙
	粗碾黑胡椒	少量
意大利香芹		2枝
柠檬皮（碎末）		少量

1 莲藕切薄圆片，在水里浸泡一小会儿，放入开水中煮约1分钟，控干水分。

2 把A放入盆里，趁热放入步骤1的食材，使其入味，再放入生火腿调拌。装盘，添加上欧芹，撒上柠檬皮。

腌 这里使用的是我自制的咸柠檬，市场上也有销售咸味较重的同类产品，按照个人喜好适当添加即可。香芹也可以撕碎后调拌。

沙拉的美味秘诀

咸柠檬

把柠檬用盐腌渍后制成调味料。与油混合就变成了沙拉调料，家庭常备，做菜十分便利。

鲑鱼烤鳄梨沙拉

材料　2人份

熏鲑鱼 …………………… 150g
鳄梨 ………………………… 1个
西式沙拉调料（→P48） …1大匙

A | 蛋黄酱 ……………… 1大匙
  | 番茄酱 ……………… 1/2大匙
  | 塔巴斯科辣酱 ……… 少量

喜爱的叶菜·粗碾黑胡椒
…………………… 各适量

1 鳄梨竖着切半，去除外皮和果核。放在铝箔上，利用烤箱（或者烤鱼架）烤 3~4 分钟，直至其呈焦黄色。

2 把步骤 1 食材切成 1.5cm 大小的方块状，放入盆里，与鲑鱼混合，放入沙拉调料使其入味。

3 把蔬菜撕成易吃的大小，放入步骤 2 食材调拌，装盘，浇上混合好的 A，撒上胡椒。

烧　加热后的鳄梨带有独特的黏稠口感，会散发出松软香甜的味道。与面包搭配食用同样美味（→P106）。

沙拉的美味秘诀

塔巴斯科辣酱

这种调味料不仅有着刺激味蕾的辛辣，还带有酸味。加少量在番茄蛋黄酱中，更加有味。

胡萝卜法式长棍面包沙拉

材料　2人份

胡萝卜		1根
法式长棍面包		1/4根
盐		1/2小匙
红菊苣		1/4个
核桃（烤）		7个
A	西式沙拉调料（→P48）	2大匙
	柠檬汁	1大匙
帕尔玛干酪（削薄片）		30g
细叶芹		少量

1 胡萝卜用削皮器削长片。撒盐揉搓，变柔软后用力挤压出多余的水分。

2 把法式长棍面包和红菊苣撕成易吃的大小，面包用烤箱烤成焦黄色。

3 核桃用研钵粗略地研碎，放入盆里，倒入A混合，放入步骤1和2的食材混合搅拌，装盘，撒上奶酪和细叶芹。

将烤得焦焦脆脆的面包制成大份的沙拉，很适合当作早餐。可以灵活利用多余的面包。胡萝卜尽量削得厚一些，更容易入味。

芹菜火腿拌饭

材料　2人份

芹菜……………………………………… 1/2根
里脊火腿……………………………… 80g
盐………………………………………… 1/3小匙
米饭 ………………………… 2茶碗的分量
A | 西式沙拉调料（→P48） …… 2大匙
  | 芹菜叶（粗略地切碎） ………… 7片
粗碾黑胡椒………………………… 少量

1 芹菜和火腿切成5mm大小的块状。芹菜撒盐揉搓，变柔软后用力挤压出多余的水分。

2 把A放入盆里混合，放入米饭和步骤1食材调拌。装盘，撒上胡椒。

十分便利的沙拉，既可以当作早餐，也可以当作午餐，还可以搭配葡萄酒一点一点捏着吃。使用稍微硬一点的米饭，做好后会更加松散美味。

鳀鱼腌泡双孢菇西蓝花

材料　2人份

双孢菇…………………………………… 13个
西蓝花…………………………………… 1/2个
鳀鱼片……………………………………4块
大蒜（切末）……………………………1瓣
橄榄油・白葡萄酒・柠檬汁…… 各2大匙
盐・粗碾黑胡椒………………… 各少量

1 双孢菇去掉菌柄，竖着切两半，西蓝花分成小块。

2 把鳀鱼、大蒜、橄榄油放入平底锅中，开中火加热，散发香味后，放入步骤 1 食材翻炒，浇上白葡萄酒，翻炒约 3 分钟。

3 关火，撒盐、胡椒，放入柠檬汁混合搅拌。

鳀鱼和蒜蓉的香味飘荡在厨房中，从烹饪时就不断地勾起食欲。最后的柠檬汁是关键步骤，可以增添沙拉的清爽。

小番茄干腌泡剑鱼

材料　2人份

小番茄（红·黄）……………………各8个
剑鱼（鱼块）………………2块（200g）
大蒜（拍碎）……………………………1瓣
西式沙拉调料（→P48）…………4大匙
莳萝（撕碎）…………………2枝的分量
盐…………………………………………适量
粗碾黑胡椒………………………………少量

1 小番茄横着切半，平铺在笸箩上，撒少量盐，放在通风处晒半日。

2 把大蒜、沙拉调料、剑鱼放入平底锅，中火加热。煮开后用小火再煮约6分钟，晾凉。

3 剑鱼要连着汤汁倒入盆里，粗略地切开，放入步骤1食材和莳萝，撒盐、胡椒，混合搅拌。

莳萝

香味清新并浓郁的香草。在鱼料理中放入莳萝，会让味道更加清香鲜美。

晒干的番茄不仅更加香甜，也容易入味。也可以用墨鱼或章鱼代替剑鱼，味道也不错。

烧腌牛肉水田芥沙拉

材料　2人份

牛腿肉块……250g
水田芥……1把

A	西式腌泡汁（→P48）	4大匙
	白葡萄酒	1大匙
	大蒜（切薄片）	1瓣
	月桂叶	1片

橄榄油……1小匙
紫皮洋葱……1/2个
小番茄（黄）……8个

B	橄榄油	1大匙
	芥末	1小匙
	盐	1/3小匙
	粗碾黑胡椒	少量

1 把牛肉放入混合好的A中，充分揉搓，然后放入冰箱冷藏一晚上。

2 把橄榄油倒入平底锅，中火加热，放入控干汁液的步骤1中牛肉，煎炸其表面。

3 把步骤1的腌泡汁放入步骤2中，煮一会儿后关火，包上铝箔冷却。

4 水田芥切一半长，紫皮洋葱竖着切薄片，在水中浸泡3分钟去除涩味，控干水分。小番茄切成4瓣。

5 步骤3中牛肉切片，与步骤4食材调拌，装盘，浇上混合好的B。

沙拉的美味秘诀

芥末

西式芥末辣味柔和、酸味温和，可以增添调味料的浓厚口感。

要点

把牛肉和腌泡汁放入带有拉链的保鲜袋中，充分揉搓，放入冰箱冷藏。

将腌好的牛肉放入锅中，慢慢煎炸表面，锁住肉质的美味。

烧　这道沙拉不仅制作简便、色泽美观，口感也非常不错。用腌泡汁腌渍了一晚上的牛肉，肉质十分柔软，推荐做成三明治（→P107）。

紫甘蓝黄豆沙拉

材料　2人份

紫甘蓝…………………… 1/2个（约250g）
煮熟的黄豆 ………………………… 100g
盐………………………………… 1/2小匙
A ｜西式腌泡汁（→P48） ………2大匙
　｜柠檬汁 ……………………… 1/2大匙

1 紫甘蓝切丝。撒盐揉搓，变柔软后用力挤压出多余的水分。

2 把A放入盆里充分混合，再放入步骤1食材和黄豆，调拌。

菜式虽简单，但味道浓郁，是我喜欢的沙拉之一。也是肉料理的常用配菜。可以用小扁豆或者鹰嘴豆代替黄豆。

面包粉炒羊羔肉西蓝花小番茄

材料　2人份

带骨羊肉		4块
西蓝花		1/2个
小番茄（红・黄）		各8个
A	西式腌泡汁（→P48）	4大匙
	大蒜（切薄片）	1瓣
	牛至	3枝
B	面包粉	4大匙
	帕尔玛干酪（磨碎）	1大匙
橄榄油		3大匙

1 用A充分揉搓羊羔肉，放入冰箱冷藏一晚上。

2 把半量的橄榄油倒入平底锅中，中火加热，放入B，翻炒至金黄色，一起取出。

3 将剩余的橄榄油倒入步骤2的平底锅中，放入步骤1食材和分成小块的西蓝花、小番茄翻炒。呈焦黄色后，再放入步骤2食材，整体翻炒。

羊羔肉和蔬菜上包裹着芝士风味的面包粉，令人大快朵颐的沙拉。腌泡了一晚上的羊羔肉和蔬菜一起翻炒，肉的风味就会成为蔬菜最好的调味料。

柿子椒金枪鱼考伯沙拉

材料　2人份

柿子椒（红・黄）……………………各1个
金枪鱼（罐头）………………………1小罐
A｜西式腌泡汁（→P48）………3大匙
　｜芥末……………………………1大匙
煮鸡蛋…………………………………2个
喜爱的叶菜…………………………　适量

1 利用烤网（或者烤鱼架）翻面烧烤柿子椒，待其外皮变焦黑后，放入凉水中剥去外皮。竖着切成 1cm 宽条状，放入盆里，与半量的 A 混合。

2 控干金枪鱼的汁液。

3 煮鸡蛋切成 4 瓣，和步骤 1、2、撕成易吃大小的蔬菜一起放入器皿中，浇上剩余的 A。

考伯沙拉是起源于美国西海岸的大份沙拉。一般使用鸡肉、鳄梨、西红柿制作，但我经常利用冰箱里现有的食材进行创新。

圆生菜墨鱼热沙拉

材料　2人份

圆生菜	1/2个
墨鱼（躯干）	1只
大蒜（拍碎）	1/2瓣
橄榄油	1大匙
A 西式腌泡汁（→P48）	2大匙
A 白葡萄酒	1大匙
A 普罗旺斯香草	1小匙

1 圆生菜切成 3 等份，墨鱼剥去外皮，切成 1cm 宽的圆环。

2 把大蒜和橄榄油放入平底锅，中火加热，散发香味后，放入墨鱼翻炒。

3 放入 A，煮至沸腾，放入圆生菜，盖上锅盖，蒸煮约 1 分钟。

散发着蒜香和香草味道的蒸煮沙拉。制作简便，外观也很漂亮。圆生菜不要加热过头，关键是要保留其清脆的口感。

普罗旺斯香草

数种香草混合而成的调味料。用于烹调海鲜或者肉料理，可以去除腥臭味，让菜肴更有味。

莲藕鸡肉柠檬沙拉

材料　2人份

莲藕………………………… 200g
鸡腿肉（去皮）………… 200g
盐・胡椒……………… 各少量
低筋粉……………………2大匙

A
西式腌泡汁（→P48）
……………………3大匙
柠檬汁………………1大匙
柠檬（切薄片）………4片

小水萝卜（切薄片）………3个
橄榄油…………………… 适量

1 莲藕切成1cm厚的半圆片。鸡肉撒上盐、胡椒，切成一口大小，薄薄地裹上一层低筋粉。把A放入盆里，充分混合。

2 把橄榄油倒入平底锅中至2cm高，加热到170℃，煎炸莲藕，炸好后放入A中腌渍。

3 把鸡肉放入步骤2的平底锅中煎炸，变成焦黄色后，趁热放入步骤1的食材中混合。装盘，撒上小水萝卜。

炸

虽然使用大量的油煎炸莲藕和鸡肉，但柠檬清爽的酸味会使它们变得清新不油腻。小水萝卜可以增加美观度、提升口感。

竹笋烤猪肉沙拉

材料　2人份

煮熟的竹笋……………………………1根
猪五花肉…………………………150g
低筋粉……………………………1大匙
洋葱………………………………1个
蚕豆（带荚）……………………8根
白葡萄酒…………………………2大匙
盐・粗碾黑胡椒………………各少量
孔泰奶酪（或者喜爱的奶酪）………40g
橄榄油……………………………1大匙

1 竹笋切成6块，薄薄地裹上一层低筋粉。猪肉平铺开，放上竹笋卷起来。洋葱切成4等份。

2 把橄榄油倒入煎烤锅（或者平底锅）内，中火加热，放入步骤1食材和蚕豆（一半剥去豆荚）翻面煎烤。

3 变成焦黄色后，倒入白葡萄酒，盖上锅盖，小火烘烤约3分钟。撒上盐、胡椒，放上撕碎的奶酪。

简单的煎烤沙拉，使用大块食材作为配料，既大胆又创新。直接煎烤带着豆荚的蚕豆，豆子会在豆荚中慢慢蒸熟，让美味加倍。

鸭肉奶酪沙拉

材料　2人份

鸭胸肉（解冻到常温）……………250g
戈贡左拉奶酪……………………… 30g
黄油……………………………… 1大匙
橄榄油…………………………… 2小匙
盐・胡椒………………………… 各少量
意大利香芹・细叶芹………… 各7~8枝

A
- 芳香醋……………………… 2大匙
- 蜂蜜………………………… 1大匙
- 盐…………………………… 1/4小匙

1 在鸭肉带皮的一面上扎几个孔，用菜刀切2~3个切口。

2 把黄油和橄榄油倒入平底锅中，小火加热，黄油化开后，将步骤1的鸭肉带皮一侧向下放入锅中，慢慢煎烤约15分钟，直至外皮变成焦黄色。

3 步骤2的鸭肉翻面煎熟，撒上盐、胡椒，包上铝箔，放凉。取出汤汁备用。

4 把2大匙步骤3的汤汁和A放入小锅里，中火熬煮。

5 把步骤3的鸭肉切成7~8mm厚片，放入盆里，放入撕碎的奶酪、对半切开的意大利香芹和细叶芹，快速搅拌。装盘，浇上步骤4做好的调味汁。

沙拉的美味秘诀

芳香醋

以葡萄为原料的果醋，酸味上等、味道浓郁。与蜂蜜搭配可以制作出美味沙司。

要点

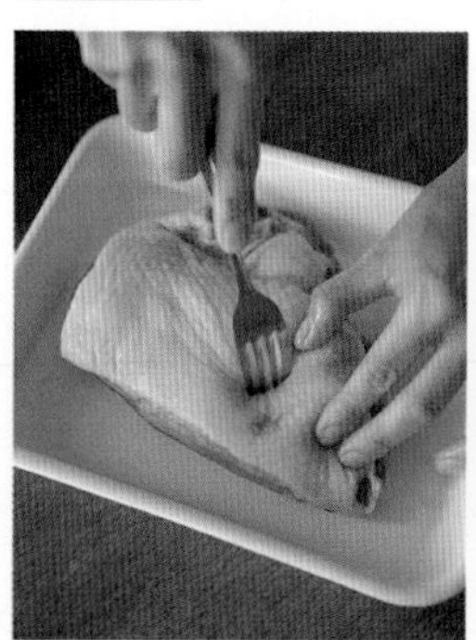

在鸭肉带皮的一面扎孔，再切入刀口，这样容易蒸熟。

先煎烤带皮的一侧，待颜色变成焦黄色，油脂也刚好析出落入锅中。

鸭肉有着独特的风味，慢慢煎烤，再搭配奶酪和香草，就是一道美味的沙拉。香草的清香可以去除肉的油腻。

凉拌萝卜火腿

材料　2人份

萝卜……………………　约8cm（200g）
盐…………………………………… 1/3小匙
里脊火腿……………………………… 80g
A｜西式腌泡汁（→P48）………2大匙
　｜芥末………………………… 1/2大匙
玉米粒（罐头）…………………… 50g
欧芹（切末）……………………… 1大匙
粗碾黑胡椒………………………… 少量

1 萝卜切成7~8mm大小的块状。撒盐揉搓，变柔软后用力挤压出多余的水分。

2 火腿切成7~8mm大小的块状。

3 把A放入盆里充分混合，放入步骤1、2食材和玉米粒、欧芹，调拌。装盘，撒上胡椒。

把芥末倒入沙拉调料中混合，增加辛辣味和滑腻感，属于成人口味的凉拌菜。可以用白菜或者经典的卷心菜代替萝卜！

胡萝卜腌泡烤茄子

材料　2人份

茄子……………………………………4根
胡萝卜 ……………………………… 1/2根
大蒜……………………………………1瓣
西式腌泡汁（→P48）　……………4大匙

1 茄子竖着切入几个刀口，放在烧烤网（或者烤鱼网）上，边翻面边烤，待皮变焦黑后，浸入凉水里剥去外皮，擦掉水分，竖着撕成3~4等份。

2 胡萝卜和大蒜捣成泥，放在方形平底盘中，倒入沙拉调料，混合搅拌后，腌渍步骤1食材。

捣成泥的胡萝卜搭配烤茄子，可以充分品尝到蔬菜的香甜可口。不要忘记在胡萝卜里放入蒜泥，增加沙拉的独特风味。

青豆马苏里拉奶酪沙拉

材料　2人份

食荚豌豆		10根
摩洛哥菜豆		5根
马苏里拉奶酪		1个
A	盐	少量
	橄榄油	2小匙
橄榄（黑）		8个
西式腌泡汁（→P48）		3大匙

1 去除食荚豌豆两侧的筋。先切去摩洛哥菜豆的两端，再对半切开。

2 把步骤 1 食材放进加了 A 的开水中煮约 2 分钟，控干水分。

3 把步骤 2 食材放入盆里，再放入切成 2cm 块状的奶酪、橄榄、腌泡汁，调拌。

腌　口感香脆、色泽鲜艳的青豆最好吃，所以不要煮过头。当颜色呈嫩绿色时，用笊篱捞出，趁热放入腌泡汁中，更容易入味。

烧菊苣奶酪沙拉

材料　2人份

菊苣……2棵
帕尔玛干酪（磨碎）……40g
迷你胡萝卜……4根
小洋葱……6个
大蒜（连着皮压碎）……2瓣
盐……少量
橄榄油・西式腌泡汁（→P48）……各1大匙

1 菊苣和迷你胡萝卜竖着切两半，小洋葱横着切两半。

2 把橄榄油倒入煎烤锅（或者平底锅）内，中火加热，放入胡萝卜、小洋葱、大蒜，边翻面边煎烤。

3 变成焦黄色后，放入菊苣煎烤，浇上腌泡汁。

4 蔬菜带有焦黄色后，撒上盐和奶酪。

烧

菊苣多是生吃，但煎烤之后，其独特的苦味就会转变成甜味。和小巧可爱的蔬菜一起煎烤，就是一道美味的沙拉。

沙拉的美味秘诀

迷你胡萝卜和小洋葱

只用小巧的胡萝卜和洋葱，就能做成一道简单的煎烤沙拉。味道浓郁，外观也可爱。

欧芹腌泡南瓜红芸豆

材料　2人份

南瓜……………………………………… 150g
红芸豆（煮熟） …………………… 100g
欧芹（切末） ……………………… 1大匙
洋葱……………………………………… 1/2个
盐………………………………………… 少量
西式沙拉调料（→P48） ………… 2大匙

1 削去南瓜的外皮，将其切成2cm大小的块状。

2 洋葱切末，在水里浸泡5分钟去除涩味，控干水分。

3 步骤1食材撒盐后，用冒着蒸汽的蒸锅蒸约5分钟（或者放入耐热器皿中，盖上保鲜膜，用微波炉加热约5分钟），然后放进盆里，趁热用叉子略微压碎。

4 把步骤2食材和红芸豆、沙拉调料，放入步骤3的食材里混合，装盘，撒上欧芹。

腌

蒸南瓜要比煮南瓜更加软糯、甘甜。洋葱的辣味在口中蔓延非常美味。盛在面包上就是菜肴吐司风格。

卷心菜苹果沙拉

材料　2人份

卷心菜 ……………………………… 3~4片
苹果……………………………………… 1个
盐………………………………… 1/2小匙
柠檬汁 ……………………………… 1大匙
核桃（烤）……………………………… 8个
西式沙拉调料（→P48）…………2大匙

1 卷心菜切丝。撒盐揉搓，变柔软后用力挤压出多余的水分。

2 苹果切丝，浇上柠檬汁。

3 把步骤 1 和 2 的食材在盆里混合，再放入略微压碎的核桃和沙拉调料，调拌。

不论多少都能吃完的清爽沙拉。重点是烤香的核桃。做好后不要急着吃，等想再添一道菜时，端上餐桌，为餐桌锦上添花。

橄榄油煮干萝卜丝

材料　2人份

干萝卜丝……30g
西葫芦・胡萝卜……各1根
洋葱……1个

A	白葡萄酒	3大匙
	橄榄油	2大匙
	盐	1小匙
	粗碾黑胡椒	少量

1 用流水搓洗干萝卜丝，然后在足量的水中浸泡8分钟，泡发后略微控干水分，切成4cm长。

2 西葫芦和胡萝卜切成4cm长的细丝，洋葱竖着切薄片。

3 把步骤1食材的一半平铺在锅中，步骤2的每种食材取一半量重叠放上去。重复一次此步骤。

4 把混合好的A浇在步骤3食材上，盖上锅盖，中火加热，散发香味后调至小火，再煮约8分钟。

沙拉的美味秘诀

干萝卜丝

即晒干后的萝卜丝。虽是用于制作日本菜的食材，但利用橄榄油和白葡萄酒的话，就能制成西式热沙拉。

要点

将长度切得一致的蔬菜，重叠放在干萝卜丝上。

撒上混合好的调味料，慢慢蒸煮出蔬菜的美味。

和风炖菜的经典是干萝卜丝，但也适合搭配橄榄油和进口蔬菜。蒸煮之后得到的天然美味，不论多少都能吃完。

干菜泡菜沙拉

材料　2人份

红心萝卜（或者青萝卜）…………8cm
胡萝卜……………………1/2根
柿子椒（红）………………1个

A
- 西式腌泡汁（→P48）·水……各1/2杯
- 黑胡椒粒……………1大匙
- 月桂叶………………1片
- 白葡萄酒……………2大匙
- 盐……………………1/2小匙

1 红心萝卜和胡萝卜切成7~8mm厚的银杏叶状，柿子椒切成2cm块状。

2 把步骤1食材平铺在笸箩上，放置在通风处，偶尔翻面，晒4~5小时。

3 把A放进小锅里，中火加热，煮沸一会儿。

4 把步骤2食材放进保存容器里，接着趁热放入步骤3食材，放凉。

利用冰箱里的剩余蔬菜制作而成的西式泡菜。用晾晒的方法去除蔬菜里的水分，腌泡汁和蔬菜的味道都十分浓郁，比生吃蔬菜更好吃哦。

西红柿腌泡炸茄子

材料　2人份

茄子……………………………………4根

A
- 西红柿（捣成泥）…………1个大的
- 蒜泥……………………………1/2瓣
- 盐……………………………3/4小匙
- 柠檬（切薄片）………………7~8片

橄榄油 ……………………………… 适量

1 茄子去蒂，竖着切两半，浸泡在水里5分钟去除涩味，擦去水分，把A放入方形平底盘中混合。

2 把橄榄油倒入平底锅中，高度为2cm，加热到170℃后，放入茄子，炸至焦黄色。

3 趁热把步骤2食材放入A中，使其入味。

炸

捣成泥状的西红柿、带有蒜蓉风味和柠檬酸爽的腌泡沙司，把茄子腌渍在里面，让美味成倍增加。炸过的茄子口感绵软，与裹在外面的西红柿泥是绝配。

沙拉的美味秘诀之调味料

米醋

（京醋 加茂千鸟）

醋的话，我喜欢用千鸟醋。在本书的菜谱中也用于制作日式沙拉调料和腌泡汁。酸味温和，是能与任何料理搭配的万能醋。

＊村山造醋（http://chidorisu.co.jp/）

酱油

（古式酱油）

咸味柔和、香甜甘醇的古式酱油，在本书中主要用于制作日式腌泡汁。适合各种料理，味道好、口感温和。

＊井上酱油店（http://inoue-shoyu.jp/）

油

（日本产菜籽油 油菜花田）

让油炸食品和炒菜更具风味的油。工序精细、纯度高、易勾芡，也适用于烘焙点心等。质地细腻。

＊鹿北制油（http://www.kahokuseiyu.co.jp/）

白糖

（甜菜糖）

甜味天然，不会破坏料理整体的平衡，而且口感醇厚，只需加少量，味道就非常甘醇。

＊山口制糖（TEL：03-3647-5678）

决定沙拉味道的关键就是基本调味料。
由于每天都会使用，在多次尝试的过程中，
我发现了心仪的它们。

白葡萄酒醋

（maille 白葡萄酒醋）

在本书中用其制作西式腌泡汁和沙拉调料。刺激味蕾的酸味与柔和香醇的白葡萄酒香混合在一起，使沙拉和腌泡菜变得清新酸爽。

*MAILLE（http://maille.jp/）

橄榄油

（carbonell）

风味温和的特级初榨橄榄油。价格适中，除了制作沙拉调料，还大量用于炒菜和煎炸食物。

*CARBONELL（http://www.so-food.co.jp/carbonell/）

黑胡椒

（黑胡椒粒）

只需撒一点黑胡椒，就能增添沙拉的甜味和辛辣，也能让沙拉更具风味。刚碾好的黑胡椒香味浓郁，直接使用黑胡椒粒也可以。

*朝冈香料（http://www.asaokaspice.co.jp/）

盐

（给宏德海盐 颗粒）

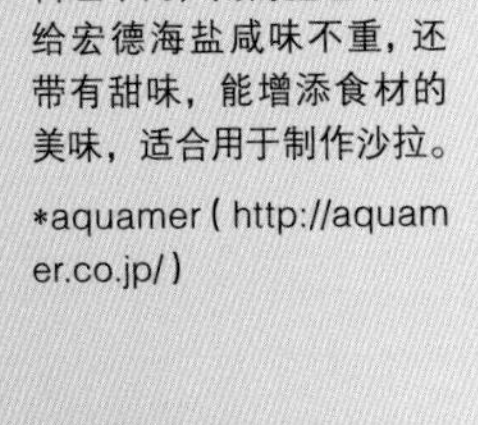

料理不同，用的盐也不同，给宏德海盐咸味不重，还带有甜味，能增添食材的美味，适合用于制作沙拉。

*aquamer（http://aquamer.co.jp/）

基本的沙拉调料和腌泡汁

这是在本书菜谱中使用的沙拉调料和腌泡汁。
容易保存，多做一些就可以享受轻松制作沙拉的乐趣啦。
※菜谱中是容易制成的分量。括号里是可以使用1~2次的较少分量。

西式沙拉调料

将1/2杯（2大匙）白葡萄酒醋、1/2大匙（1/2小匙）白糖、1小匙（1/4小匙）盐、少量（少量）粗碾黑胡椒，充分混合搅拌，白糖溶化后放入70ml（1又1/2大匙）橄榄油，充分混合搅拌。
※在冰箱里可以冷藏保存2个星期。

西式腌泡汁

将3/4杯（3大匙）白葡萄酒醋、1/4杯（1大匙）白葡萄酒、1/2大匙（1/2小匙）白糖、1小匙（1/4小匙）盐、少量（少量）粗碾黑胡椒放入小锅内，中火加热，煮沸一会儿后关火冷却。
※在冰箱里可以冷藏保存3个星期。

日式沙拉调料

将1/2杯（2大匙）米醋、2大匙（1小匙）白糖、1小匙（1/4小匙）盐，混合后充分搅拌，白糖溶化后放入70ml（1又1/2大匙）油（色拉油、菜籽油、太白芝麻油等），充分搅拌。
※在冰箱里可以冷藏保存2个星期。

日式腌泡汁

将1/2杯（2大匙）米醋、1/2杯（2大匙）酱油、1/4杯（2小匙）酒、2大匙（1小匙）白糖放入小锅内，中火加热，煮沸一会儿后关火冷却。
※ 在冰箱里可以冷藏保存3个星期。

搭配沙拉的蛋黄酱沙司

以蛋黄酱为底料的沙司与蔬菜口感十分相合。
想给沙拉、三明治再加一点味道时可以尝试一下。

※菜谱中是容易制成的分量。

柚子胡椒蛋黄酱

4 大匙蛋黄酱与 1 小匙柚子胡椒混合而成。

芝麻碎蛋黄酱

4 大匙蛋黄酱与 1 大匙白芝麻碎、1/4 小匙酱油混合而成。

洋葱泥蛋黄酱

4 大匙蛋黄酱与 2 小匙捣成泥的洋葱混合搅拌，撒上粗碾黑胡椒。

塔巴斯科蛋黄酱

4 大匙蛋黄酱与 1/2 小匙塔巴斯科辣酱混合而成。

chapter 2

日式沙拉

Japanese Style Salad

利用时令蔬菜就能轻松做出日式沙拉，
可以说我每天都在吃。
当作搭配米饭的小菜，
亦或是便当的菜肴。
可以用筷子夹着吃，也可以捏着吃。
令人心神平静的可靠沙拉。

芝麻蛋黄酱拌干菇莲藕

材料　2人份

蟹味菇…………………………100g
鲜香菇…………………………4个
杏鲍菇…………………………3个
莲藕…………………………150g
芝麻油…………………………少量
A　芝麻碎蛋黄酱（→P49）……………………2又1/2大匙
　　芝麻油……………………1小匙
细葱（斜切）………………3根的量
炒白芝麻…………………………适量

1 去除蟹味菇和香菇的菌柄头，拆开蟹味菇，香菇切成 6 等份，杏鲍菇竖着撕成 3~4 条。

2 把步骤 1 食材平铺在笸箩上，放在通风处晒 4~5 小时。

3 把芝麻油倒入平底锅内，中火加热，放入切成薄圆片的莲藕翻炒，变透明后放入步骤 2 食材，迅速翻炒。

4 放入混合好的 A 搅拌，装盘，撒上葱和芝麻。

沙拉的美味秘诀

芝麻油

将未经烘烤的芝麻榨成透明的油，料理时使用可以使食材更具风味、更加香醇。

要点

把菇类平铺在笸箩上，尽量不要重叠，放在通风处晒干，这样美味才会浓缩在里面。

莲藕炒熟后再放入菇类迅速翻炒，这样就能做出香喷喷的菜肴。

晒干的菇类搭配莲藕，那松脆并且带有嚼劲的口感令人着迷。菇类用芝麻油迅速翻炒才能更具风味。再拌上芝麻蛋黄酱，就是一道与米饭相合的下饭沙拉。

小松菜腌泡烧鲑鱼

材料　2~3人份

少盐鲑鱼		3块
小松菜		1把
盐		少量
A	日式腌泡汁（→P48）	4大匙
	姜泥	1块的量
鲜香菇		4个
酒・低筋粉		各适量

1 把小松菜放入加了盐的开水中煮约2分钟，放入凉水里冷却，挤压出多余的水分，切成4cm长。

2 把A放入方形平底盘中混合，腌渍步骤1食材。

3 鲑鱼切两半，裹上低筋粉，去除香菇的菌柄头，切两半。

4 平底锅加热，放入香菇，倒入适量的酒，煎烤过后取出。再放入鲑鱼，两面煎熟。将香菇和鲑鱼趁热放入步骤2食材中腌渍。

要点

鲑鱼裹上低筋粉，烤至金黄色，这样腌泡汁才能更容易进入鲑鱼肉中。

烤得香喷喷的鲑鱼要趁热放入腌泡汁里，使其充分入味。

便利的日式腌泡沙拉，可以当作便当小菜。温热沙拉的美味自不必说，放入冰箱冷藏一下也十分好吃。

芜菁茗荷杂鱼沙拉

材料　2人份

芜菁……4个
芜菁叶……2个的量
茗荷……2个
小杂鱼干……30g
盐……1/2小匙
A 日式腌泡汁（→P48）……1又1/2大匙
　炒白芝麻……2小匙

1 茗菁横着切薄片，叶子横切。分别撒上一半的盐，揉搓，变柔软后用力挤压出多余的水分。

2 茗荷横切。

3 把A放入盆里混合，放入步骤1、2的食材和杂鱼干，调拌。

盐

令人食指大动的腌渍沙拉。调味简单，小杂鱼干特有的咸味为沙拉增添了美味。可以用樱虾或者小鳀鱼等代替小杂鱼干。

酱油腌渍拍黄瓜鱿鱼干

材料　2人份

黄瓜……3根

鱿鱼干……1片

盐……少量

A　日式腌泡汁（→P48）……3大匙
　　红辣椒（横切）……1/2根的量

绿紫苏……4片

1 黄瓜撒盐用磨板搓均后，用水冲洗。再用擀面杖拍碎，拍成容易吃的大小。

2 把A放入盆里混合，把鱿鱼干放在火上烘烤，用厨房专用剪刀横着剪成5mm宽细条，放入A中浸泡。

3 绿紫苏切丝，和步骤1食材一起放入步骤2食材中，迅速调拌。

让人想喝一杯的下酒小菜。只需腌渍一会儿，鱿鱼干的鲜美就会融入腌泡汁里，配上清爽的黄瓜，真是美味至极。

卷心菜鸡胸肉柚子胡椒沙拉

材料　2人份

卷心菜 ………………………… 4~5片
鸡胸肉………………………………4块
盐……………………………… 1/2小匙
酒…………………………………1大匙
A 日式腌泡汁（→P48）………2大匙
A 柚子胡椒……………………… 1小匙

1 卷心菜切丝，撒盐揉搓，变柔软后用力挤压出多余的水分。

2 鸡胸肉去筋，放入加了酒的开水中煮约2分钟。冷却，撕碎。

3 把A放入盆里混合，再放入步骤1和2食材，调拌。

沙拉的美味秘诀

柚子胡椒

柚子皮与辣椒制成的调味料。与沙拉调料混合，为沙拉增添柑橘的清香和刺激味蕾的辛辣。

盐　柚子胡椒的辛辣正好搭配清淡的鸡胸肉和卷心菜。鸡胸肉的肉质要细腻，所以需注意不能煮过头。

半干萝卜竹轮沙拉

材料　2人份

萝卜······················约8cm（200g）
黄瓜····································1根
竹轮　··································3根
樱虾····································5g
盐······································一撮
日式沙拉调料（→P48）　············2大匙

1 萝卜切成5mm厚的半圆片，黄瓜斜切成5mm厚的片状。

2 把步骤1食材平铺在笸箩上，时而翻面，放置在通风处晒4~5个小时，竹轮斜切成片。

3 樱虾放盐，用研钵研磨，放入盆里，再放入沙拉调料混合搅拌，然后放入步骤2食材调拌。

萝卜和黄瓜晒半日后，口感会变得爽脆。樱虾用研钵研磨后会增添香味，请一定要下些功夫尝试一下。

炸茄子菜豆梅干鲣鱼沙拉

材料　2~3人份

茄子……………………………………4根
菜豆　…………………………………8根
鸭儿芹…………………………………1把
鲣鱼片　………………………………2包
A　日式腌泡汁（→P48）　………2大匙
　　梅干（去核、拍软）　………2个的量
煎炸用油……………………………　适量

1 茄子乱刀切一下，浸泡在水里 2 分钟，擦去水分。菜豆切去两端，竖着切两半。把 A 放入盆里混合。

2 油加热到 170℃，放入茄子，待茄子变成焦黄色后，放入菜豆，迅速煎炸。

3 趁热把步骤 2 食材浸泡在 A 中，放入切成段的鸭儿芹和鲣鱼片，调拌。

炸　腌泡汁和拍软的梅干合制而成的酸甜汤汁，渗透进香脆的炸蔬菜中。茄子与油相合，提高美味的关键在于用中温油慢慢煎炸。

香味蔬菜炒鸡肉糜沙拉

材料　2人份

鸡肉糜……………………………… 200g
鸭儿芹………………………………… 1把
水芹……………………………… 1/2把
芝麻油 ………………………… 少量
A　日式沙拉调料（→P48）……2大匙
　　姜末……………………… 1/2块的量
炒白芝麻………………………… 适量

1 鸭儿芹和水芹切成4~5cm长，放入盆里。

2 把芝麻油倒入平底锅内，中火加热，翻炒肉糜。

3 炒熟后，放入混合好的A，煮沸一会儿放入步骤1食材，快速混合搅拌。装盘，撒上芝麻。

在这道沙拉中尽情品尝香味蔬菜的美味吧。茼蒿、芹菜、绿紫苏等，可以利用自己喜欢的蔬菜进行创新。盛在热腾腾的米饭上当作迷你盖浇饭也不错哦（→P86）。

芥末腌西红柿扇贝沙拉

材料　2人份

西红柿……………………………2个大的

扇贝柱（生鱼片专用）…………8个

京水菜………………………………3棵

A｜日式沙拉调料（→P48）……2大匙
　｜芥末酱……………………………1小匙

1 西红柿切成2cm块状，扇贝快速冲洗，擦去水分。

2 把A放入盆里混合，腌渍步骤1食材，放入切成4~5cm长的京水菜，调拌。

腌　使用生扇贝，充分发挥芥末风味的生鱼片沙拉。可以用苦菊代替京水菜。使用嫩菜叶或者香草就是西式风味的沙拉。

酸甜章鱼洋葱沙拉

材料　2人份

煮熟的章鱼	200g
洋葱（有的话用新洋葱）	1个
A　日式沙拉调料（→P48）	3大匙
A　姜泥	1块的量
炒白芝麻	1大匙

1 把A放入盆里混合，加入切成5mm厚的章鱼片腌渍。

2 洋葱竖着切薄片，浸泡在水里5分钟，控干水分。放进步骤1食材里面，调拌，装盘，撒上芝麻。

腌　用沙拉调料和姜泥合制而成的调料汁调拌章鱼和洋葱。使用带有甜味的新洋葱会更加好吃。

甜辣肉糜萝卜沙拉

材料　2人份

猪肉糜…………………………………150g
萝卜……………………约8cm（200g）
盐…………………………………1/3小匙
芝麻油　……………………………1小匙
A｜甜料酒·酱油……………各1/2大匙
西蓝花芽……………………………1包
B｜日式沙拉调料（→P48）……2大匙
　｜七味辣椒粉……………………少量

1 萝卜切丝，撒盐揉搓，变柔软后用力挤压出多余的水分。西蓝花芽切去根部。

2 把芝麻油倒入平底锅内，中火加热，翻炒肉糜。炒熟后放入A，将汤汁熬干。

3 把B放入盆里混合，放入步骤1和2的食材混合，装盘，按照个人喜好撒上少量的（分量以外）七味辣椒粉。

沙拉的美味秘诀

西蓝花芽

西蓝花新芽营养丰富。能为盐揉萝卜和炒肉糜增添香味。

要点

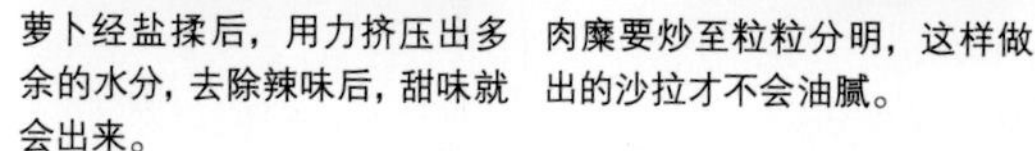

萝卜经盐揉后，用力挤压出多余的水分，去除辣味后，甜味就会出来。

肉糜要炒至粒粒分明，这样做出的沙拉才不会油腻。

盐　炒好的肉糜，加上盐揉后变得微甜的萝卜，再调拌上充分发挥了辣椒魅力的沙拉调料，就制成了这道美味的甜辣沙拉。甜味和辣味刚好达到平衡，适合搭配米饭或当下酒菜。

羊栖菜胡萝卜芝麻醋沙拉

材料　2人份

干羊栖菜……………………………15g
胡萝卜……………………………… 1根
A | 日式腌泡汁（→P48） ………3大匙
A | 白芝麻碎………………………2大匙
姜（切丝） …………………… 1/2块的量

1 羊栖菜在足量的水中浸泡 8 分钟，泡发。胡萝卜切成 4~5cm 长的细丝。

2 把步骤 1 食材放入开水中，煮约 1 分钟，用笊篱捞起，控干水分。

3 把 A 放入盆里混合，放入步骤 2 食材和姜调拌。

醋的酸味、姜的清香、芝麻的醇厚混合在一起。既能当小菜又能当便当配菜，是我常备的配菜沙拉之一。

大葱鸭儿芹豆腐沙拉

材料　2人份

大葱 ………………………………… 1/2根
鸭儿芹………………………………… 1/2把
南豆腐…………………………………… 1块
盐……………………………………… 1/3小匙
日式沙拉调料（→P48） …………2大匙
柚子皮（切丝） …………………… 少量

1 大葱斜着切薄片，鸭儿芹切段。撒盐轻轻揉搓，变柔软后用力挤压出多余的水分。

2 豆腐切成易吃的大小，装盘，放上步骤 1 食材。

3 把沙拉调料倒入小锅内，小火加热到刚要煮沸，浇到步骤 2 食材上，撒上柚子皮。

盐　大葱和鸭儿芹经盐揉后，苦味就会消失，只留下甘甜的味道。配上加热的沙拉调料，为清淡的豆腐增添风味。最后撒上的柚子皮也提升了整道菜的清香。

干萝卜丝什锦菇热沙拉

材料　2人份

干萝卜丝		30g
蟹味菇		50g
杏鲍菇		3个
食荚豌豆		8根
A	酒	1大匙
	高汤	1/2杯
B	橙醋酱油	2大匙
	芝麻油	2小匙

1 用流水搓洗干萝卜丝，在足量的水中浸泡8分钟，泡发后略微控干水分，切成易吃的长度。

2 去除蟹味菇的根部，拆成小朵，杏鲍菇竖着切成5mm厚。食荚豌豆去筋后，切两半。

3 把步骤1、2和A中食材放入锅内，盖上锅盖，中火加热。煮沸后调至小火，蒸煮约5分钟，放入B，迅速混合搅拌。

营养丰富的健康沙拉，提前做好就能随时享用。最后添加的橙醋酱油可以把整体味道统一到一起，芝麻油让沙拉的味道更加香醇浓厚。

炸马铃薯圆生菜青海苔沙拉

材料　2人份

马铃薯……………………………………3个
圆生菜………………………………… 1/3个
日式沙拉调料（→P48）…………2大匙
青海苔・煎炸用油……………… 各适量

1 马铃薯带着皮切成3mm厚片状，在水里浸泡2分钟，擦去水分。

2 把步骤1食材放进加热到170℃的油锅中，炸成金黄色。

3 圆生菜撕成易吃的大小，和步骤2食材一起放入盆里，放入沙拉调料，迅速调拌。装盘，撒上青海苔。

炸　把马铃薯切得薄薄的再炸，这就是“自制马铃薯片”，搭配足量的圆生菜就是美味的沙拉。可以用七味辣椒粉增添辣味。

黄瓜炸鱼肉饼沙拉

材料　2人份

黄瓜……2根
炸鱼肉饼……2片
盐……1/3小匙
A｜日式腌泡汁（→P48）……2大匙
　｜姜泥……1/2块的量
小葱（横切）……4根的量

1 黄瓜竖着切两半，再斜着切成5mm厚的小段。撒盐揉搓，变柔软后用力挤压出多余的水分。

2 利用烤箱将炸鱼肉饼烤成焦黄色，切成1cm厚。

3 把A放入盆里混合，放入步骤1和2的食材，调拌，装盘，撒上小葱。

清脆黄瓜与炸鱼肉饼的组合。烘烤过的炸鱼肉饼香味十足，与腌泡汁充分融合，无法阻挡的美味。

酱油腌尖椒山芋鱼饼沙拉

材料　2人份

尖椒 ………………………………… 10根
山芋鱼饼……………………………… 1片
日式腌泡汁（→P48） ……………3大匙
京水菜…………………………………3棵
花椒粉……………………………… 少量

1 尖椒去蒂。

2 中火加热平底锅，放入步骤1食材，烤至焦黄色。放入腌泡汁，煮沸一会儿后关火。

3 山芋鱼饼切成2cm块状，京水菜切成4~5cm长，放入盆里，放入步骤2食材，迅速调拌，装盘，撒上花椒粉。

尖椒烤出香味后，就能去除它的草涩味。用酱油腌渍尖椒，存放的时间也会比较长；提前做好，用的时候会十分便利。除了山芋鱼饼，还可以搭配竹轮或者鱼糕。

白菜油炸豆腐香味蔬菜沙拉

材料　2人份

白菜……………………… 1/8棵（200g）
油炸豆腐……………………………… 1片
盐…………………………………… 1/3小匙

A	
茗荷	2个
姜	1/2小块
绿紫苏	5片

日式沙拉调料（→P48）…………3大匙

1 白菜切成 7~8mm 宽的丝状，撒盐揉搓，变柔软后用力挤压出多余的水分。

2 用烤箱（或者烤鱼架）将油炸豆腐烤至焦黄色，切丝。

3 A 中食材分别切丝，放入盆里混合，放入步骤 1、2 的食材和沙拉调料，调拌。

利用香味蔬菜和沙拉调料调拌盐揉后的白菜。油炸豆腐不用去油，烤酥脆后放入沙拉里即可。推荐搭配拌面或者汤面食用。

萝卜秋葵咸海带沙拉

材料　2人份

萝卜…………………… 约8cm（200g）
秋葵……………………………………8根
盐………………………………… 2/3小匙
油炸豆腐……………………………… 1片

A	
	日式沙拉调料（→P48）……2大匙
	咸海带………………………… 两撮
	红辣椒（横切）…………… 1根的量

1 萝卜切成长方形薄片。撒半量的盐揉搓，变柔软后用力挤压出多余的水分。

2 秋葵削去坚硬的蒂，用剩下的盐揉搓，然后用流水冲洗。放入开水中煮30秒，控干水分，竖着切两半。

3 油炸豆腐从短边一侧切两半，再切成1cm宽厚片，用开水煮约1分钟，控干水分。

4 将A放入盆里混合，放入步骤1~3的食材，调拌。

咸海带的风味融入了整道菜肴，一道带有浓浓的海洋味道的沙拉。秋葵大多横切使用，竖着切两半会品尝到不同于以往的味道哦。

味噌炒芋头鸡肉沙拉

材料　2人份

芋头……3个
鸡腿肉……200g
A｜味噌·日式甜料酒……各1大匙
酒……2大匙
大葱……1根
萝卜苗……1包
日式沙拉调料（→P48）……2大匙
芝麻油……少量

1 芋头切成1cm厚的圆片。鸡肉切成一口大小，用A充分揉搓入味。

2 把芝麻油倒入平底锅中，中火加热，翻炒步骤1食材。炒至焦黄色后，撒上酒，盖上锅盖，蒸约5分钟。

3 大葱斜着切薄片，浸泡在水里5分钟，控干水分。萝卜苗切去根部。

4 把步骤3食材放入盆里，放入沙拉调料，调拌。和步骤2食材一起装盘。

沙拉的美味秘诀

味噌

味噌汤和炖菜必然要用到味噌，当然它也是炒肉类和蔬菜时不可或缺的调味料，浓郁的味道非常适合制作搭配米饭的沙拉。

要点

先将入味的鸡肉和芋头炒香，再蒸熟。

大葱和萝卜苗要充分控干水分，再与沙拉调料混合。

非常有嚼劲的大份沙拉。融入了味噌和甜料酒味道的鸡肉与香甜的芋头，搭配微辣的大葱和萝卜苗，口感适中。

卷心菜花蛤热沙拉

材料　2人份

卷心菜	3~4片
花蛤（除干净沙子）	200g
姜（切丝）	1/2块的量
酒	1大匙
A　日式沙拉调料（→P48）	2大匙
A　酱油	1小匙
溏心鸡蛋（市售）	2个
干鲣鱼片	1包

1 卷心菜切成2cm宽，花蛤相互摩擦洗干净。

2 把步骤1食材和姜放入平底锅中，倒酒，盖上锅盖，中火蒸煮。

3 花蛤开口后，放入混合好的A，整体入味，装盘。放上溏心鸡蛋、干鲣鱼片。

煮　用花蛤熬出的鲜美汤汁蒸煮卷心菜。溏心鸡蛋搅碎蛋黄，像沙司一样浇在卷心菜上，就可以品尝美味啦！

西蓝花炸虾沙拉

材料　2人份

西蓝花…… 1/2个
周氏新对虾…… 200g
马铃薯淀粉…… 4大匙
A　日式腌泡汁（→P48）…… 3大匙
　　洋葱（捣成泥）…… 1大匙多
　　芥末酱…… 1又1/2小匙
煎炸用油…… 适量

1 西蓝花分成小块。虾去除背肠后裹上一半的马铃薯淀粉搓洗，擦去水分。把A放入盆里混合。

2 油加热到170℃，放入西蓝花，炸约2分钟。

3 将裹上剩余马铃薯淀粉的虾放入步骤2的油中，炸至酥脆、呈金黄色。趁热将其和步骤2食材一起浸泡在A中。

炸

色香味俱全的大份沙拉。把捣成泥的洋葱放入腌泡汁里，味道会更加浓厚。关键是虾要炸得香脆有嚼劲。

烤油菜花山药牡蛎

材料　2人份

油菜花 ………………………………… 1把
山药…………………… 7~8cm（150g）
牡蛎（加热用）…………………… 200g
马铃薯淀粉…………………………2大匙
芝麻油 ……………………………2小匙
A　日式沙拉调料（→P48）……2大匙
　　酱油……………………………1小匙
　　酸橘果汁………………………2小匙
酸橘（薄片）………………………… 4片

1 切掉油菜花的硬杆，山药带皮切成1cm厚圆片。牡蛎裹上马铃薯淀粉搓洗，控干水分。

2 把芝麻油倒入煎烤锅（或者平底锅）内，中火加热，摆上步骤1食材，边翻面边烤。

3 将食材烤熟呈焦黄色后，浇上混合好的A，放上酸橘。

烤沙拉的关键是大胆创新。山药带着皮烤，油菜花不用切直接烤，这样才能品尝到食材原有的美味。酸橘的酸味也起了提味的作用。

猪肉调味汁浇芦笋豌豆

材料　2人份

绿芦笋……………………………………5根
食荚豌豆　……………………………8根
猪五花肉薄片……………………… 150g
盐………………………………………少量
日式腌泡汁（→P48）……………2大匙

1 芦笋削去坚硬外皮，切成4等份。食荚豌豆去筋。

2 把步骤1食材放入加了盐的开水中，煮约1分半钟，控干水分，装盘。

3 中火加热平底锅，翻炒切成5mm宽的猪肉。用厨房专用纸擦去肉的油脂，倒入腌泡汁，煮沸一会儿，和步骤2食材一起调拌。

烧

用腌泡汁煮出猪五花肉的美味，再加上煮熟的芦笋和食荚豌豆的清香，一道让人大饱口福的沙拉。制作简单，十分香脆，是我经常制作的沙拉之一。

炸大葱配脆肉片橙醋沙拉

材料　2人份

大葱 ……………………………… 1根
猪腿肉薄片 ……………………… 200g
盐 ………………………………… 少量
马铃薯淀粉 ……………………… 3大匙
橙醋酱油 ………………………… 3大匙
圆生菜 …………………………… 1/4个
煎炸用油 ………………………… 适量

1 大葱切成2cm长。猪肉切成3cm宽，撒盐，裹上马铃薯淀粉。

2 把步骤1食材放进加热到170℃的油中，炸至呈金黄色。

3 把步骤2食材放入盆里，趁热倒入橙醋酱油，调拌，圆生菜撕成易吃大小，放入盆里，混合搅拌。

炸

炸过的大葱软滑香甜，配上香脆的炸猪肉，就是一道非常下饭的沙拉。最后放入圆生菜，提升爽脆的口感。

酱油腌泡菇类鹌鹑蛋

材料　2~3人份

金针菇 ………………………… 80g
鲜香菇 …………………………5个
鹌鹑蛋（煮熟） ………………… 10个
大葱（葱白） …………………… 10cm
茼蒿……………………………… 1/4把
酒………………………………… 1大匙
日式腌泡汁（→P48） …………… 4大匙

1 去除金针菇和香菇的菌柄头。金针菇切成3等份，香菇切成4等份。

2 大葱竖着切入刀口，去除葱芯，竖着切丝（白发葱）。茼蒿切成4~5cm长，分别放入水中浸泡5分钟，控干水分。

3 把腌泡汁放入方形平底盘中，把步骤1食材放入加了酒的开水中煮约1分钟，控干水分，趁热放入腌泡汁中腌渍。

4 放入鹌鹑蛋使其入味，放入步骤2食材，调拌。

腌　腌泡沙拉中的食材越入味越好吃，一边小酌一壶烫酒或烧酒，一边细细品尝沙拉，真是人生的一大乐事。煮菇类时放入酒可以增添美味。

猪肉紫皮洋葱盐曲沙拉

材料　2人份

涮锅用猪腿肉		200g
紫皮洋葱		1/2个
酒		1大匙
A	日式沙拉调料（→P48）	2大匙
	盐曲	1大匙
苦菊		1/2把

1 用加了酒的开水煮熟猪肉，控干水分，放入盆里，趁热放入A，调拌。

2 紫皮洋葱竖着切薄片，在水里浸泡5分钟去除涩味，控干水分。苦菊撕成易吃大小，一起放入步骤1食材里，迅速调拌。

盐曲会让猪肉变软并带有甜味，可以很好地融合辛辣的蔬菜。没有苦菊的话，可以用京水菜或者茼蒿等代替。

沙拉的美味秘诀

盐曲

在米曲里加入盐制成的发酵调味料。风味独特，咸味适中，可以使肉质变得柔嫩。

菜花香肠柚子胡椒蛋黄酱沙拉

材料　2人份

菜花	1/2个
喜爱的香肠	4根
大葱	1/2根
A 酒・芝麻油	各1大匙
A 水	1/2杯
A 盐	少量
柚子胡椒蛋黄酱（→P49）	2大匙

1 菜花分成小块，大葱斜着切薄片。

2 把步骤1食材、香肠、A放入锅内，盖上锅盖，中火煮制。

3 煮沸后，小火蒸煮约5分钟，装盘，加入柚子胡椒蛋黄酱。

只需用盐和芝麻油就能轻松做出热的煮菜沙拉。可以按照个人喜好用P49介绍的其他沙司代替柚子胡椒蛋黄酱，享受创新的乐趣。

炸牛蒡菠菜芝麻沙拉

材料　2人份

牛蒡……1根
沙拉菠菜……100g
马铃薯淀粉……2大匙
A｜日式腌泡汁（→P48）……3大匙
A｜姜泥……1块的量
A｜白芝麻碎……1又1/2大匙
煎炸用油……适量

1 用削皮器将牛蒡竖着削丝，在水里浸泡5分钟，控干水分。把沙拉菠菜撕成易吃的长度。

2 牛蒡薄薄地裹上一层马铃薯淀粉，放入加热到170℃的油中，炸至金黄色。

3 把菠菜和步骤2食材盛放在器皿上，浇上混合好的A。

炸　牛蒡裹上马铃薯淀粉再炸，口感会变得酥脆。炸蔬菜与生蔬菜的组合带来双重口感，加了大量芝麻的腌泡汁也让沙拉的美味成倍增加。

胡萝卜扇贝花椒沙拉

材料　2人份

胡萝卜……………………………………2根
熟扇贝…………………………………150g
盐……………………………………1/2小匙
日式腌泡汁（→P48）……………2大匙
鸭儿芹…………………………………1/2把
A｜花椒粉…………………………1小匙
　｜芝麻油…………………………2小匙

1 胡萝卜切成4~5cm长的细丝，撒盐揉搓，变柔软后用力挤压出多余的水分。

2 把腌泡汁倒入盆里，放入步骤1食材和扇贝，整体入味。放入切成大块的鸭儿芹和A，迅速调拌。

盐 胡萝卜和扇贝都带有甜味，利用花椒粉增加麻辣的口感。除了扇贝，还推荐使用煮熟的墨鱼或章鱼。

花椒粉

花椒的果实经干燥后，磨成粉末。刺激味蕾的麻辣，再加上芝麻油的醇香，让沙拉更具风味。

沙拉和米饭合制而成的迷你盖浇饭

香味蔬菜炒鸡肉糜沙拉盖浇饭

只需把“香味蔬菜炒鸡肉糜沙拉”（→P61）盛在热腾腾的米饭上。再撒上七味辣椒粉增加辣味。

只需将味道浓郁的配菜沙拉盛放在米饭上，
就能制成迷你盖浇饭，可以当作简便的午餐或者夜宵。
这里为您倾情介绍4道非常美味的盖浇饭。

西葫芦烤猪肉豆豉沙拉盖浇饭

把“西葫芦烤猪肉豆豉沙拉”（→P92）盛在热腾腾的米饭上，撒上炒白芝麻和辣椒油，增添风味和辣味。

醋腌豆芽鸡蛋中式沙拉盖浇饭

把“醋腌豆芽鸡蛋中式沙拉”（→P94）盛在热腾腾的米饭上。品尝美味的吃法是把半熟的鸡蛋和米饭充分混合搅拌后再吃。

鱼露腌炸牛蒡盖浇饭

把“鱼露腌炸牛蒡”（→P126）盛在热腾腾的米饭上。撒上粗略压碎的花生，增添香味。

chapter 3

中式沙拉

Chinese Style Salad

想要换换口味时，
我会做一道中式沙拉。
青梗菜、塌菜等，即使是常见蔬菜，
巧用芝麻油、绍兴酒、甜面酱等调味，
就能瞬间变成中式风味。
味道浓厚的沙拉非常下饭，十分受家人欢迎。

蒸鸡肉韭菜中式沙拉

材料　2人份

鸡腿肉（去皮）…………………… 200g
姜（切丝）…………………………1块的量
绍兴酒（或者酒）・芝麻油…… 各2大匙
A　韭菜（切末）…………… 1/2把的量
　　大葱（切末）…………… 1/2根的量
　　日式腌泡汁（→P48）……… 3大匙
炒白芝麻……………………………1大匙

1 把鸡肉放入平底锅，摆上姜丝，撒上绍兴酒，浇上芝麻油，盖上锅盖，中火加热。

2 煮沸后，调至小火，蒸煮约 6 分钟，关火，放入 A，盖上锅盖，冷却。

3 把鸡肉切成易吃的大小，和蔬菜、汤汁一块盛放在器皿上，撒上芝麻。

沙拉的美味秘诀

绍兴酒

用糯米、麦曲制成的中国代表性酒。为料理增添香醇和独特的甘甜。

要点

浇上芝麻油，让鸡肉整体入味。

放入大量的韭菜和葱，用余热将其焖熟，就能品尝到爽脆的口感。

这道大份沙拉中的芝麻油和绍兴酒的风味可以促进食欲。加入大量的韭菜和葱，品尝蒸菜的美味。适合作为配菜搭配拌面等主食。

西葫芦烤猪肉豆豉沙拉

材料　2人份

西葫芦 ……………………………… 1根
烤猪肉（市售） …………………… 80g
豆豉 ……………………………… 1/2大匙
盐…………………………………… 1/3小匙
A | 日式腌泡汁（→P48） ………2大匙
　| 芝麻油……………………… 1/2大匙

1 西葫芦切丝。撒盐揉搓，变柔软后用力挤压出多余的水分，放入盆里。

2 烤猪肉切成5mm宽，放进步骤1食材中。

3 豆豉粗略地切碎，放入小锅里，加入A，中火加热。煮沸一会儿后，倒在步骤2食材上，调拌。

沙拉的美味秘诀

豆豉

把盐和曲霉放入黑豆里使其发酵。咸味重、风味强，会让料理味道变得浓厚。

盐

一道带有豆豉咸味和芝麻油香醇的沙拉，最适合配着米饭或者酒品尝，美味停不下来。盐揉后的西葫芦略带甜味，搭配烤猪肉刚刚好。

芝麻拌鳄梨木耳沙拉

材料　2人份

鳄梨 ……………………………………… 1个
木耳（干燥）………………………… 20g
分葱 ……………………………………… 6根

A	日式腌泡汁（→P48）………	3大匙
	白芝麻碎………………………	2大匙
	辣椒油…………………………	1小匙

1 鳄梨竖着切两半，去除外皮和种核，切成2cm 块状。

2 木耳放入温水中泡发，切粗丝。分葱斜着切薄片。

3 把 A 放在盆里混合，放入步骤 1 和 2 食材，调拌。

鳄梨黏稠滑腻的口感，木耳嘎吱嘎吱的嚼劲，分葱清脆的口感完美地结合在一起。令人意外的组合，浇上辣椒油为整道菜肴增添辛辣刺激的味道。

醋腌豆芽鸡蛋中式沙拉

材料　2人份

豆芽…………………………………… 1/2袋
半熟的煮鸡蛋（剥壳）………………2个
香菜…………………………………… 1/2把
日式腌泡汁（→P48）…………… 80ml
芝麻油 ……………………………… 1大匙

1 豆芽去除须根，放入开水中煮约40秒，控干水分。趁热放进保存容器里，用腌泡汁浸泡。放入煮鸡蛋，搁置30分钟至半日。

2 香菜切大块，与豆芽混合，和切成两半的煮鸡蛋一起装盘，淋上芝麻油。

秘诀是把半熟的鸡蛋黄淋在蔬菜上品尝。也可以盛在米饭上（→P87），当作中式凉菜或者拉面配菜也不错哦。

黑醋腌西红柿油炸豆腐沙拉

材料　2人份

西红柿……………………………2个大的
油炸豆腐…………………………………1片
A ｜姜（切末）…………………1块的量
A ｜黑醋・蚝油…………………各2大匙
A ｜芝麻油…………………………1大匙
小葱（横切）……………………3根的量

1 西红柿竖着切两半，再切成 1cm 厚。

2 用烤箱（或者烤鱼架）将油炸豆腐烤至焦黄色。从短边一侧切两半，然后切成 1cm 宽，和步骤 1 食材一起装盘。

3 把 A 放在小锅内混合，中火加热，煮沸一会儿后浇在步骤 2 食材上，撒上小葱。

带有黑醋和蚝油香醇的沙司，十分有嚼劲的沙拉。调味料稍微煮沸一会儿，这样味道会变得温和醇厚，容易入味。

沙拉的美味秘诀

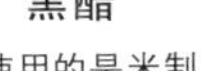

黑醋

本书中使用的是米制黑醋。酸味温和、香味浓郁，会让菜肴味道更加醇厚。

黄瓜干中式沙拉

材料　2人份

黄瓜……………………………………3根
姜（切丝）………………………1块的量
松子 ……………………………………1大匙
A｜大蒜酱油（※）·芝麻油……各1大匙

1 黄瓜斜切成7~8mm厚的片状。平铺在笸箩上，偶尔翻面，放在通风处晒4~5小时。

2 用研钵将松子粗略地压碎，放入盆里，放入A混合，放入步骤1食材和姜，调拌。

沙拉的美味秘诀

※ 大蒜酱油（容易制成的分量）

把1/2杯酱油和2大匙料酒放入小锅里，中火加热，煮沸一会儿。将2瓣大蒜切薄片放入其中，放置一晚上。※在冰箱冷藏室里可以保存约1个月。

干　非常简单的菜谱，用大蒜酱油和压碎的松子就能做出醇厚的味道。也可以放入煮熟的猪肉或者虾仁、火腿等食材，让整道菜分量十足。

白菜猪肉榨菜沙拉

材料　2人份

白菜……………………………………1/6棵
猪五花肉薄片……………………………150g
调过味的榨菜（瓶装）…………………30g
盐……………………………………1/3小匙
日式腌泡汁（→P48）· 酒 …… 各2大匙
芝麻油…………………………………2小匙

1 白菜切成 1cm 宽。撒盐揉搓，变柔软后用力挤压出多余的水分。

2 把猪肉放入加了酒的开水中煮约 1 分半钟，控干水分，切成 2cm 宽。

3 榨菜冲洗干净，充分控干水分，切丝。

4 把腌泡汁倒入盆里，放入步骤 1~3 的食材，调拌，装盘，淋上芝麻油。

盐　可以用鸡胸肉或者烤猪肉代替煮猪肉，适合进行多种创新的沙拉。盐揉后的白菜要用力挤压出水分，这样才能充分吸收调味料的味道。

大葱腌泡烤醋渍青花鱼

材料　2人份

醋渍青花鱼（市售）…………半身1片
大葱……………………………………1根
柿子椒（黄）………………………1/2个

A	花椒・芝麻油………………各1大匙 绍兴酒…………………………2大匙 黑醋……………………………3大匙 盐………………………………1小匙 红辣椒（横切）…………1/2根的量

1 醋渍青花鱼用铁扦子穿起来，直接烘烤带皮的一面，烤好后切成 1cm 宽，装盘。

2 大葱先根据长度 5 等分，再纵向切成 4 条，在水里浸泡一下，控干水分。柿子椒竖着切成 3mm 宽，和大葱一起盛放在步骤 1 食材上。

3 用研钵研碎 A 中的花椒，和剩余的调料一起放入小锅里，中火加热。煮沸一会儿后，浇在步骤 2 食材上。

直接烘烤醋渍青花鱼带皮的一面，烤至金黄色后，味道就会鲜香无比。不直接用火烤，放在热的平底锅里煎烤也可以。

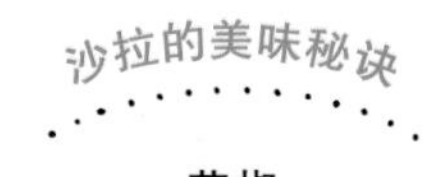

花椒

中式料理中常用的花椒。又麻又辣、味道丰富，用作提味的调料最好不过。

青梗菜大葱扇贝热沙拉

材料　2人份

青梗菜 ……………………………… 3棵
大葱 ………………………………… 1根
芝麻油 ……………………………… 1大匙
姜(切丝) ………………………… 1块的量
绍兴酒 ……………………………… 2大匙
扇贝(罐装) ……………………… 1小罐

1 青梗菜切成4等份，浸泡在水里几分钟，控干水分。大葱斜着切薄片。

2 把芝麻油倒入平底锅，中火加热，翻炒姜丝。散发香味后，放入步骤1食材、绍兴酒，扇贝带着汤汁一起放入，盖上锅盖，焖约2分钟。

青梗菜在蒸煮之前要先浸泡在水里，这样菜叶会变得嫩绿、口感爽脆。扇贝罐头的生产厂家不同，其盐分含量也会不同，一边试尝一边调味吧。

柿子椒柳叶鱼蚝油沙拉

材料　2~3人份

柿子椒（红・绿）		各2个
柳叶鱼		10条
芝麻油		少量
A	蚝油・黑醋	各3大匙
	芝麻油	2大匙

1 柿子椒横着切丝。

2 把芝麻油倒入平底锅里，中火加热，放入柳叶鱼煎烤。两面都烤至焦黄色后，把柳叶鱼聚在一旁，在空隙处放入步骤1食材，翻炒。

3 放进混合好的A，煮沸一会儿后关火，晾凉。

沙拉的美味秘诀

蚝油

以牡蛎为主要原料制成的具有代表性的中式料理调味料。味道鲜香，除了可以炒菜，还适用于各种料理。

要点

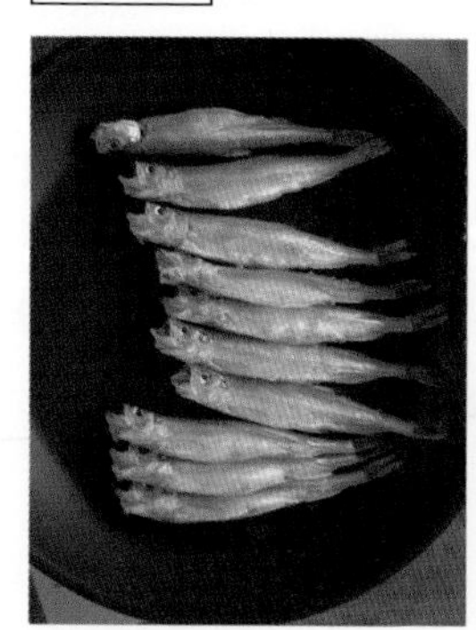

柳叶鱼边翻面边煎烤，直至两面都成焦黄色，这样才会香味十足。

放入混合好的调味料后，煮沸一会儿再关火，这样味道就不会散发出去。

烧

适合搭配米饭的一道沙拉。充分发挥柿子椒爽脆的口感，炒至稍微变软即可。还可以加入大葱等食材，自由发挥创意吧。

甜面酱腌蓝点马鲛卷心菜

材料　2人份

蓝点马鲛（鱼块）	2块
卷心菜	3~4片
大葱（葱白）	8cm
盐	少量
芝麻油	1大匙
A 日式腌泡汁（→P48）	3大匙
A 甜面酱	1大匙

1 蓝点马鲛撒盐放置 10 分钟，擦去水分，切成 3 等份。卷心菜切成 2cm 块状。大葱切成白发葱（→ P81）。

2 把一半的芝麻油倒入平底锅里，中火加热，放入卷心菜，炒软后取出。

3 用步骤 2 平底锅内剩余的芝麻油煎烤蓝点马鲛，两面都烤成焦黄色。把 A 放入盆里混合，加入烤好的鱼肉腌泡。放入卷心菜调拌，装盘，放上白发葱。

用芝麻油把蓝点马鲛和卷心菜炒香，再腌泡入味。可以用青梗菜或者塌菜代替卷心菜，会更加具有中式风味。

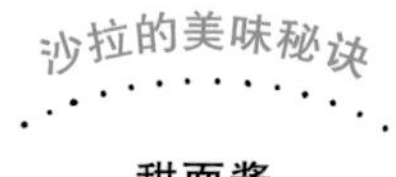

甜面酱

小麦粉制成的中式甜味噌。味道甘醇，直接食用就非常美味，也可以用于炒菜。

塌菜肉糜热沙拉

材料　2人份

材料	用量
塌菜	1/2把
猪肉糜	150g
绍兴酒（或者酒）	2大匙
盐	少量
A 干虾（切末）	30g
A 姜（切末）	1块的量
日式腌泡汁（→P48）	3大匙
芝麻油	1大匙

1 切掉塌菜根部。

2 把一半芝麻油倒入平底锅里，中火加热，翻炒步骤 1 食材。加入绍兴酒，变柔软后撒盐，装盘。

3 用步骤 2 平底锅内剩余的芝麻油翻炒 A 和肉糜。炒熟后放入腌泡汁，煮沸一会儿后浇在步骤 2 食材上。

十分下饭的炒菜沙拉，不论多少米饭都能吃完。关键在于用美味的干虾和清香的姜末炒香肉糜。

塌菜

原产于中国的冬季蔬菜。味道清淡，用油炒制会令其散发出淡淡的甜味和恰到好处的苦味。

豆芽裙带菜粉丝沙拉

材料　2人份

豆芽…………………………………… 1/2袋
裙带菜（盐藏）…………………………30g
绿豆粉丝（干燥）………………………20g
鸡蛋…………………………………… 2个
A 盐……………………………… 一撮
A 白糖………………………… 1/2小匙
色拉油……………………………… 少量
B 日式腌泡汁（→P48）………3大匙
B 炒白芝麻・芝麻油………… 各1大匙
B 芥末酱………………………… 1小匙

1 豆芽去掉须根，开水煮约40秒，控干水分。

2 裙带菜放入水中浸泡，泡发后切成易吃大小。粉丝用开水煮约3分钟，放入凉水里冷却，控干水分。

3 把A放入鸡蛋里混合搅拌。色拉油倒入平底锅里中火加热，一点点地倒入蛋液，制作摊鸡蛋。晾凉后切丝。

4 把B放在盆里混合，放入步骤1~3食材，调拌。

经典的中式料理——粉丝沙拉，盛在米饭上十分好吃。绿豆粉丝口感爽滑、有弹性，关键是调拌时要充分控干水分。

大蒜腌泡豆腐松花蛋

材料　2人份

卤水豆腐……………………………1块
松花蛋………………………………2个
毛豆…………………………………150g
A　大蒜酱油（→P96）・芝麻油……………各1大匙
　　黑醋……………………………2大匙
辣椒粉………………………………少量

1 用厨房纸将豆腐包起来，压上重物，放置约20分钟，控干水分后，切成易吃大小。

2 松花蛋竖着切成4等份。毛豆煮熟后，取出豆粒。

3 把A放在盆里混合，放入步骤1和2的食材，调拌，装盘，撒上辣椒粉。

把充分控干水分、浓缩了大豆风味的豆腐放在蒜蓉风味的黑醋调味汁里腌泡。如果使用冲绳的岛豆腐，不控干水分也可以！

沙拉和面包
制成的三明治

鲑鱼烤鳄梨沙拉三明治

法式长棍面包切成 3cm 厚，在正中间切入刀口，夹入“鲑鱼烤鳄梨沙拉”（→ P21）。

如果配菜沙拉有剩余的话，
那么翌日清晨把它们夹在面包里做成三明治如何呢?
富于变化的早餐，可以用各种面包尝试哦。

卷心菜培根热沙拉三明治

把芥末和蛋黄酱抹在面包上，夹住“卷心菜培根热沙拉”（→P19）和嫩叶菜。推荐使用味浓的法式乡村面包。

烧腌牛肉水田芥沙拉三明治

硬面包圈切两半，夹入“烧腌牛肉水田芥沙拉”（→P26）。也可以浇上洋葱泥蛋黄酱（→P49）。

胡萝卜油渍沙丁鱼咖喱沙拉三明治

法式长棍面包切入刀口，夹入“胡萝卜油渍沙丁鱼咖喱沙拉”（→P117）和大量的香菜。

chapter 4

民族风味沙拉

Ethnic Style Salad

用韩国辣酱或者芝麻做成韩式风味；
加入鱼露和柠檬汁，
做成泰式或者越南风味；
用混合香辛料增添香味，做成印度风味！
餐桌上的美味之旅即将开始，
本章为您介绍好吃又美味的民族风味沙拉。

花生酱拌苦瓜炸鱼肉饼

材料　2人份

苦瓜		1/2根
炸鱼肉饼		2片
盐		1/3小匙
A	花生酱（无糖）	3大匙
A	鱼露・柠檬汁	各1大匙
A	芝麻油	1小匙
香菜		1/2把

1 去除苦瓜的种子和瓜瓤，切成3mm厚。撒盐揉搓，变柔软后用力挤压出多余的水分。

2 用烤箱（或者烤鱼架）将炸鱼肉饼烤至焦黄色，切成7~8mm厚。

3 把步骤1和2食材放入盆里混合，放入混合好的A，调拌。装盘，添加上切成4cm长的香菜。

沙拉的美味秘诀

花生酱

在民族风味料理中经常使用，如制作越南春卷的调味料等。花生的香甜正好搭配鱼露。

要点

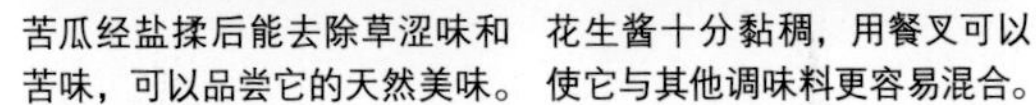

苦瓜经盐揉后能去除草涩味和苦味，可以品尝它的天然美味。

花生酱十分黏稠，用餐叉可以使它与其他调味料更容易混合。

盐

浓厚的花生酱加上柠檬汁制成的调味料，略带甜味、余味清爽。可以提炼出苦瓜特有的美味。

豆苗白肉鱼凉拌小菜

材料　2人份

豆苗……………………………………1包
刺身专用白肉鱼（鲷鱼或者比目鱼等）
　……………………………………150g
A｜盐……………………………1/2小匙
　｜蒜泥………………………1/2瓣的量
芝麻油　…………………………2小匙
炒白芝麻…………………………　适量

1 豆苗用开水煮约 40 秒，控干水分后，放入盆里。趁热放入 A，调拌，晾凉。

2 白肉鱼切薄片，和步骤 1 食材混合，装盘，浇上芝麻油，撒上芝麻。

腌　可以盛在热腾腾的米饭上，也可以当作下酒菜。使用煮熟的墨鱼或者章鱼代替刺身，味道会有所不同哦。

鸭儿芹裙带菜凉拌小菜

材料　2人份

鸭儿芹……………………………………2把

裙带菜（盐藏）…………………………30g

A	蒜泥	1/2瓣的量
	韩国辣酱	1小匙
	白芝麻碎・芝麻油	各1大匙

1 鸭儿芹平铺在笊篱上，浇开水烫一下，控干水分后切成4cm长。

2 裙带菜用水泡发，切成易吃大小。

3 把A放在盆里混合，放入步骤1和2的食材，调拌。

沙拉的美味秘诀

韩国辣酱

韩国的红辣椒豆酱。味道辣中带甜，适合当作火锅、炒菜的调味料，或者直接拌在蔬菜上，使用方法多种多样。

韩国辣酱浓厚的味道搭配风味独特的香味蔬菜，让人胃口大开的沙拉。鸭儿芹用开水迅速烫一下，会更容易入味。

芹菜萝卜孜然沙拉

材料　2人份

芹菜……………………………………1根
萝卜…………………… 约6cm（150g）
生菜叶　………………………… 5~6片
盐………………………………… 1/2小匙

A	
	蒜泥…………………… 1/2瓣的量
	白糖・孜然粉　……………各1小匙
	鱼露……………………………2小匙
	柠檬汁…………………………1大匙
	橄榄油…………………………2大匙

1 芹菜去除筋，萝卜削皮，各自切丝后混合。撒盐揉搓，变柔软后用力挤压出多余的水分。

2 把A放在盆里混合，放入步骤1食材，调拌，生菜叶撕成易吃大小，放入盆里迅速调拌。装盘，撒上少量（分量以外）孜然粉。

芹菜经盐揉后，口感和味道会像绿木瓜一样。再加上孜然和鱼露的味道，就融合出了民族特色十足的风味。

孜然粉

制作像咖喱这类民族风味料理时，必不可少的香辛料。香味强烈、略带苦味，用其做出的沙拉充满异国风味。

马铃薯豆子辣味沙拉

材料　2人份

马铃薯……3个
小扁豆……50g
洋葱……1/2个
橄榄油……1大匙
A 辣椒粉……1小匙
A 盐・胡椒……各少量
B 蒜泥……1/2瓣的量
B 蛋黄酱……2大匙
B 原味酸奶……1大匙

1 马铃薯带着皮切成3cm块状，洋葱切成1cm块状。小扁豆冲洗干净放入锅内，加水没过食材，中火加热。煮沸后，调至小火，煮约13分钟，控干水分。

2 把橄榄油倒入平底锅内，中火加热，翻炒步骤1食材。

3 整体变软后，放入A调味。装盘，浇上混合好的B，撒上少量（分量以外）辣椒粉。

烧

马铃薯和小扁豆经翻炒后会带有甜味，而辣椒粉则增添了沙拉的辛辣味。放入酸奶的蛋黄酱沙司可以让沙拉的味道更加爽口。

辣椒粉

用卡宴辣椒和孜然等混合而成，是墨西哥料理经常使用的香辛料。

腌泡虾仁薄荷

材料　2人份

虾		10只
薄荷		25g
马铃薯淀粉		2大匙
白葡萄酒		1大匙
紫皮洋葱		1/2个
A	鱼露・柠檬汁	各1大匙
A	白糖	1小匙
A	橄榄油	2大匙

1 虾去除背肠，裹上马铃薯淀粉搓洗，控干水分。放入加了白葡萄酒的开水中煮约 1 分半钟，晾凉后剥壳。

2 紫皮洋葱切末，在水里浸泡约 5 分钟，控干水分。

3 把 A 放在盆里混合，放入步骤 2 食材充分搅拌，放入步骤 1 食材和薄荷，调拌。

清香的香草搭配海鲜，再放入用鱼露和柠檬汁制成的腌泡汁里腌泡。作为发泡葡萄酒等清爽酒类的下酒菜再好不过了。

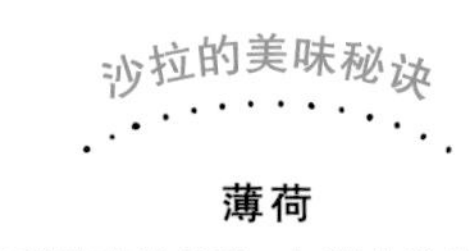

薄荷

味道清爽的香草。与紫皮洋葱和柠檬汁搭配，会让沙拉变得更加清凉。

胡萝卜油渍沙丁鱼咖喱沙拉

材料　2人份

胡萝卜……………………………………1根
油渍沙丁鱼（罐头）…………………1罐
盐……………………………………1/3小匙

A	蒜泥………………………1/2瓣的量
	咖喱粉………………………1/2小匙
	蜂蜜……………………………2小匙
	鱼露・橄榄油………………各1大匙
	胡椒……………………………少量

1 胡萝卜切丝。撒盐揉搓，变柔软后用力挤压出多余的水分。

2 油渍沙丁鱼控干汁液。

3 把 A 放在盆里充分混合，放入步骤 1 和 2 的食材，调拌。

盐

被咖喱香勾起食欲的辛辣味沙拉。充分利用鱼露和蒜香，也可以做成三明治配菜（→P107）。

干菇豆子民族特色沙拉

材料　2人份

杏鲍菇……3个
双孢菇……6个
鲜香菇……3个
杂豆（煮熟）……150g
洋葱……1/2个
香菜……1/2把
橄榄油……2大匙
A　鱼露・柠檬汁……各1大匙
　　白糖……1小匙

1 杏鲍菇撕成4~5条。双孢菇和香菇去除菌柄头，双孢菇切两半，香菇切成4等份。

2 把步骤1食材平铺在笸箩上，放在通风处晒4~5小时。

3 洋葱切薄片，在水里浸泡5分钟，控干水分。香菜切成4cm长。

4 把橄榄油倒入平底锅，中火加热，快速翻炒步骤2食材。放入A，煮沸一会儿后关火。放入盆里，放入杂豆和步骤3食材，调拌。

干菇脆脆的口感和煮豆子软绵的口感，真是绝妙的搭配。调味简单，尽情品尝干菇的美味吧。

酸奶腌茄子

材料 2人份

茄子……………………………………4根
大蒜(拍碎) ……………………………1瓣
橄榄油 ………………………………3大匙
A 盐……………………………… 1/4小匙
A 香菜籽粉……………… 1又1/2小匙
B 酸奶………………………………5大匙
B 鱼露…………………… 1又1/2大匙

1 茄子切成 1.5cm 厚的圆片，在水里浸泡 3 分钟，控干水分。

2 把大蒜和橄榄油放入平底锅，中火加热。散发香味后放入步骤 1 食材，边翻面边煎烤，变软后放入 A，使其入味。

3 把 B 放在盆里混合，放入步骤 2 食材，整体搅拌均匀。

茄子要用大量的油炒才能变软，这样酸奶沙司才能充分渗透到其内部，味道就会变得更好。也可以用蒸熟的马铃薯代替茄子。

萨尔萨辣酱腌麦片西红柿

材料 2人份

麦片 ………………………… 70g
西红柿 ……………………… 2个
洋葱 ………………………… 1/2个
红辣椒（鲜）……………… 1/2根

A	欧芹（切末）	1大匙
	柠檬汁	1大匙
	盐	1/2小匙
	胡椒	少量
	橄榄油	2大匙

1 麦片冲洗干净后放入锅内，加水至没过食材，中火加热。煮沸后调至小火，煮约13分钟，流水冲洗后控干水分。

2 西红柿切成7~8mm块状。洋葱切末，在水里浸泡5分钟，控干水分。红辣椒去籽，切末。

3 把A放在盆里混合，放入步骤1和2的食材，调拌。

把麦片放入墨西哥料理常用的萨尔萨酱中。可以当作肉类或者鱼类料理的配菜，亦或作为简便的午餐。没有麦片的话，用小扁豆或者鹰嘴豆代替也可以。

炸番薯甜辣酱沙拉

材料　2~3人份

番薯 ……………… 1根（400g）
秋葵……………………………… 6根
洋葱…………………………… 1/2个
甜辣酱………………………… 3大匙
柠檬（薄片） ………………… 4片
煎炸用油……………………… 适量

1 番薯切大块，在水里浸泡 3 分钟，控干水分。秋葵削去硬蒂，横着切两半。

2 洋葱切末，在水里浸泡5分钟，控干水分后放入盆里，与甜辣酱混合。

3 番薯放入锅里，加油至没过食材，中火加热，煎炸 7~8 分钟直至变熟。放入秋葵，迅速煎炸，一起用笊篱捞起来。

4 把步骤 3 食材趁热放入步骤 2 食材里搅拌，装盘，放上柠檬。

炸　在油还没热的时候，放入番薯慢慢煎炸，直到里面变得热乎松软。关键是把刚炸好的番薯放入沙司里，这样才能更加入味。

沙拉的美味秘诀

甜辣酱

泰国和越南料理中经常用到的甜辣酱。可以作为越南春卷、煎炸食品或者炒菜的调味料。

菜豆葡萄干沙拉

材料　2人份

菜豆……………………………………… 25根
葡萄干・腰果…………………………各30g
橄榄油…………………………………1大匙
咖喱粉・酱油…………………… 各2小匙

1 菜豆切去两端，平铺在笸箩上，放在通风处晒 4~5 小时。

2 把橄榄油倒入平底锅里，中火加热，翻炒步骤 1 食材。

3 全部裹油并呈焦黄色后，加入剩余的食材，一起翻炒。

晒干的菜豆会变得甘甜，再利用咖喱粉和酱油为其增添辣味。添加印度咖喱经常使用的坚果和葡萄干，民族特色油然而生！

鲑鱼莲藕卷心菜热沙拉

材料　2人份

少盐鲑鱼……2块
莲藕……150g
卷心菜……2~3片
酒・橄榄油……各1大匙
A　芝麻酱・橄榄油……各2大匙
　　蒜泥・孜然粉……各1/2小匙

1 鲑鱼切成3等份。莲藕切长条，在水里浸泡3分钟，控干水分。卷心菜切成1cm宽。

2 把橄榄油倒入平底锅里，中火加热，放入鲑鱼煎炸。

3 两面都变成焦黄色后，放入莲藕、卷心菜、酒，盖上锅盖，小火焖蒸约5分钟。装盘，浇上混合好的A。

散发着淡淡孜然香味的热沙拉。先把鲑鱼烤香，再与蔬菜一起焖蒸。让食材的香味在锅里慢慢融合，味道十分香浓。

南瓜香辛料春卷

材料　2~3人份

春卷皮……………………………………6片

南瓜…………………………………… 200g

A
- 欧芹（切末）…………………… 1大匙
- 洋葱（切末）…………… 1/2个的量
- 大蒜（切末）………………… 1瓣的量
- 混合香辛料…………………… 1小匙
- 盐…………………………… 1/3小匙

B
- 低筋粉………………………… 2小匙
- 水……………………………… 1大匙

煎炸用油・泰式甜辣酱・香菜

………………………………… 各适量

1 南瓜皮削干净，切成2cm块状，放在耐热器皿中，包上保鲜膜，用微波炉加热约5分钟。

2 放入盆里，趁热用餐叉粗略地压碎，放入A混合搅拌，晾凉。

3 把步骤2食材6等分，包上春卷皮，封口处涂上混合好的B卷起来。

4 把步骤3食材放入加热到180℃的油中，炸至金黄色。斜着切两半，装盘，添加泰式甜辣酱和香菜。

沙拉的美味秘诀

混合香辛料

印度料理增添香味时使用的香辛料。主要是肉桂、丁香等香料的混合物。

要点

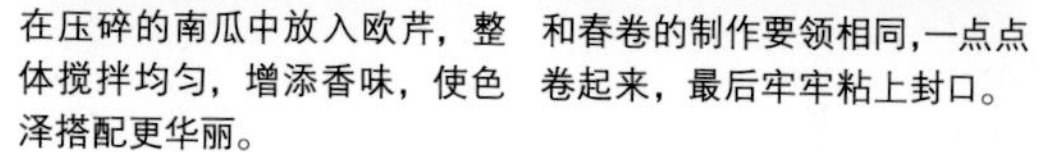

在压碎的南瓜中放入欧芹，整体搅拌均匀，增添香味，使色泽搭配更华丽。

和春卷的制作要领相同，一点点卷起来，最后牢牢粘上封口。

炸

混合香辛料里的肉桂与南瓜十分相合。一道像零食一样让人吃一口就停不下来的沙拉。根据喜好蘸着甜辣酱食用，享受异域风情。

鱼露腌炸牛蒡

材料 2人份

牛蒡……2根
马铃薯淀粉……3大匙
小葱……3根
西蓝花嫩芽……1包
A 姜泥……1块的量
A 鱼露 · 柠檬汁……各2大匙
A 白糖……1小匙
橄榄油……适量

1 牛蒡切成5cm长，再4等分切开，在水里浸泡3分钟，控干水分。

2 把A放在盆里混合，步骤1食材裹上马铃薯淀粉，放入加热到170℃的橄榄油中，炸至口感松脆。趁热放入盆里搅拌。

3 小葱斜切成段，嫩芽切去根部，放入步骤2食材里调拌。

炸得香香脆脆的牛蒡融入了鱼露和柠檬汁的味道。亮点是利用小葱和西蓝花嫩芽为菜肴增添清新感。盛在米饭上面，就是可口的民族风味盖浇饭（→P87）。

烤鸡肉黄豆芽越南沙拉

材料　2人份

鸡腿肉（去皮）……………………… 200g
黄豆芽（去除须根）…………………… 1袋
香菜（切成4cm长）………… 1/2把的量
芝麻油・酒………………………… 各2大匙
搅匀的蛋液………………………… 2个的量
A　鱼露・柠檬汁……………… 各1大匙
　　白糖……………………………… 1小匙

1 把一半芝麻油倒入平底锅里，中火加热，煎烤鸡肉。待鸡肉烤熟、两面上色后，放入豆芽和酒，快速翻炒。

2 把A放在盆里混合，放入切成易吃大小的鸡肉、豆芽、香菜，调拌，装盘。

3 继续利用平底锅里剩余的芝麻油，倒入蛋液，大幅度搅拌。

4 半熟后对折，放在步骤2食材旁边，一边混合一边品尝。

烧　越南风味什锦摊饼的创新菜谱。摊鸡蛋没有调味，请配着鸡肉和蔬菜一起享用。

TITLE: [そうざいサラダ]
BY: [ワタナベ　マキ]

图书在版编目（CIP）数据

只爱沙拉 /（日）渡边真纪著；宋天涛译．-- 南昌：红星电子音像出版社，2016.11
ISBN 978-7-83010-151-0

Ⅰ．①只… Ⅱ．①渡… ②宋… Ⅲ．①沙拉—菜谱 Ⅳ．① TS972.121

中国版本图书馆 CIP 数据核字 (2016) 第 272208 号

责任编辑：黄成波
美术编辑：杨　蕾

只爱沙拉
[日] 渡边真纪　著　　宋天涛　译

策划制作：北京书锦缘咨询有限公司（www.booklink.com.cn）
总 策 划：陈　庆
策　　划：滕　明
设计制作：柯秀翠

出版发行　红星电子音像出版社
地址　南昌市红谷滩新区红角洲岭口路 129 号
　　邮编：330038　电话：0791-86365613　86365618
印刷　江西华奥印务有限责任公司
经销　各地新华书店
开本　170mm×240mm　1/16
字数　30 千字
印张　8
版次　2017 年 4 月第 1 版　2017 年 4 月第 1 次印刷
书号　ISBN 978-7-83010-151-0
定价　45.00 元

赣版权登字 14-2016-0433